28天打造不生病的基因

Dirty Genes:
A Breakthrough Program to
Treat the Root Cause of Illness
and Optimize Your Health

跟著全美最強醫生這樣做，
不吃藥也能遠離遺傳性、慢性疾病

班・林區博士 Dr. Ben Lynch 著
曾婉琳 譯

致謝

　　此書僅獻給瑞秋・克雷恩茲（Rachel Kranz），雖然她還來不及看到《28天打造不生病的基因》出版，但這本書得以成真都得歸功於她。她把一生都奉獻給了這份工作，希望透過書籍來改善更多人的健康。要是少了她那傑出的組織、創作、寫作、策略和協作的能力，今日的我們不可能擁有這麼豐富的保健書籍。

　　她是這麼地無私奉獻；在我認識的人之中，沒人能比得上她，這般深刻地影響著許多人，卻無求他人回報。倘若沒有瑞秋，這本書不可能實現。在我寫作這本書的時候，她總是不斷地提供我靈感，同時也指導我、督促我，更挑戰我和鼓勵我。

目 錄 contents

第三部 28 天基因修復療程

推薦序

基因並非宿命，了解它後才能找到方向

　　基因檢測在歐美早已蔚為風潮。去年我參加了生技保健展，正當我覺得基因檢測是台灣未來發展趨勢時，搭手扶梯時無意聽見前面兩個女生說：「測出來有帕金森基因、癌症基因又怎樣？又改變不了什麼。」

　　大錯特錯！「基因並非宿命。」

　　我前往美國骨內科學會（AAOM）學習 **PRP 增生療法/再生注射**時，每次他們都會提到疼痛、修復和營養的相關性，而當我問他們要如何獲取相關資訊時，他們介紹我去上國際醫師靜脈營養課程（IIVNTP），從此認識許多營養相關知識。探索營養學後，發現其終極奧義在**功能醫學**，也結識許多台灣和國際上功能醫學的專家。

　　雖然功能醫學強而有效，但目前台灣在基因檢測、肌肉骨骼、排毒螯合、情緒靈性，四個部分比較欠缺（純屬個人淺見，這也是我致力的目標）。當我詢問是否有基因方面的專家時，國外醫師毫不猶豫地跟我推薦林區醫生！

　　功能醫學一直是近年來內科的顯學，因為它科學化、系統性的檢測，找出消化、免疫、粒線體、排毒、代謝、神經荷爾蒙、肌肉骨骼、肌肉骨骼，找出**七大功能**最細微的異常，是讓「亞健

康」、「亞臨床」症狀無所遁形的**全人醫療**，無疑是**預防醫學**的最佳利器。

　　但預防醫學走到最極致，要防範於未然，找到造成亞健康症狀的深層原因，甚至追本溯源，探尋為何「我之為我」，就不得不提到**基因檢測**。

　　說穿了，基因不過是經過轉錄轉譯，形成的蛋白質/酶，參與各種人體生化反應；有人善於某些反應，有人不善於某些反應，如此而已。奧妙的是，人類經過千萬年的演化，已經懂得**因應環境開啟或關閉**這些基因。

　　這本書有趣在於，精選七種基因，告訴你這些基因的潛在好處和壞處（而非二分法地說哪些基因是好基因、壞基因），而它們如何受到你的作息、飲食開啟或關閉。更有趣的是 COMT 和 MAOA 基因不是 on 或 off，而是轉速鈕一樣，可以變快或變慢。

　　我藉由這本書，加上基因檢測和功能醫學檢測，獲悉這些自己基因的位置，猶如在宇宙找到自己的座標。也發現我自己的過敏，不是因為塵蟎，而是因為我的 DAO 基因特質讓我比較無法代謝富含組織胺的物質（組織胺不耐症）。

　　確認你的座標後，這本書就是最佳的航海羅盤，林區醫生用生動的比喻訴說每個基因背後的故事，及你是怎麼樣把它「弄髒」的。幸好，我們都有能力把它們清掃乾淨，如此一來，當你再度敲這些基因的門時，它們就不會拒你於門外了！

長安醫院復健科主任暨台灣增生療法醫學會副理事長

王偉全醫師

基因不能決定命運！

　　在二○○七年的某一天，我恰巧有三十分鐘的空檔，所以決定趁機看看美國公共廣播電視臺（PBS）。當時正在撥放《諾亞科學》（*Nova*）的「雙鼠記」（*A Tale of Two Mice*）那一集。

　　由兩隻基因完全相同但外型看起來卻截然不同的老鼠，揭開了這場秀的序幕。這兩隻小老鼠的基因株讓牠們更容易罹患肥胖症、心血管疾病和癌症。不過，其中一隻小鼠的體形精瘦而健康，但另一隻老鼠體重過重且好發疾病。雖然牠們都有重大疾病和過胖的基因潛力，卻只有一隻是不健康的老鼠。

　　研究人員解釋道「X 因素」正是這一股神祕卻強大的力量，讓我們得以主宰基因遺傳，為自己的健康加分，而非註定染上惡疾。這股力量就是甲基化（methylation），這是一種在我們體內發生的生化過程。藉由將甲基加入特定基因中，便能關閉體內肥胖和疾病的基因，而我喜歡稱之為髒基因。

　　這兩隻小老鼠是如何成功演活這場驚人的實驗呢？答案是單靠飲食就辦得到了。當這些實驗鼠還待在老鼠媽媽的肚子裡面的時候，研究人員會提供甲基供體（methyl donors，這是一種可促進甲基化過程的營養素）給母鼠，而控制組的母鼠則不會得到這些營養素。正確的飲食方式關閉母鼠們的「髒基因」，並重塑了牠們的基因命運。

　　基因開關的過程就稱為表觀遺傳學（epigenetics）。從二〇〇七年的那天起，我發現到要是能結合飲食、營養補給、睡眠、放鬆壓力及減少接觸環境毒素（也就是食物、水源、空氣和產品內含的毒素），原來是能扭轉自己的基因命運。只要使用正確的工具，我們甚至能夠克服遺傳疾病，例如：焦慮症、注意力不足／過動症、先天缺陷、癌症、痴呆症、憂鬱症、心臟疾病、失眠症及肥胖症，開創嶄新且健康的人生。

　　我到現在還記得，當節目結束後，我驚訝地用手拍桌子說道：「就是這個！這正是我要做的！」

　　從那天起，我便全心投入研究。有別於眾多科學家和醫師的主張，我深信只要知道該怎麼做，就可以編輯、重寫、改變我們的基因命運。

　　因此，為了讓健康取代疾病，並讓你我都能發出基因潛力，該如何找出並修復髒基因已經成為了我的使命。在經過十載的研究和調查，加上全球各地傳來戰勝的捷報，我很開心地在此宣布，我已經完成了這份「28 天基因修復療程」，要來優化你的健康以及人生。

不用改變基因，也能改善健康

　　人們會用各種方式追求健康，所以我也花了大半輩子的時間學習該怎麼做，才能幫助人們保健。在完成細胞與生物分子學的學士教育後，我成為了一名自然療法醫師（naturopathic physician），

以科學基礎行醫，並使用自然的方式來恢復身體平衡及促進健康。在過去與病人合作的經驗中，我發覺自己也要成為環境醫學的專家，才能找出環境中的化學物質是如何暗地破壞著你我的健康，而我們又該如何解體內的毒。

能夠整合我多年來完成的廣泛研究，就必須得依靠表觀遺傳學：它解釋了人體基因會受到眾多因素的影響。雖然我們知道基因具有相當大的影響力，但我後來才驚覺原來我們不必屈服於基因。相反地，只要與自己的基因合作，就能創造最理想的健康狀態。所以，重點是我們得知道該如何進行合作。

在這片基因拼圖中，最重要拼圖片之一就是會帶來變異的SNP（念法是「snip」），全名是單核苷酸多態性（single nucleotide polymorphism）。目前人類基因體中已被辨識出約一千萬個SNP，而每個人擁有超過一百萬個SNP。

大部份的 SNP 對我們都不會造成太大的影響。然而有些 SNP 卻會顯著影響我們的健康以及個性。舉例來說，MTHFR 基因裡的 SNP 能帶來許多健康問題，小至易怒、過度執著，大至先天缺陷和癌症（注意我說的是『能』，而不是『必然會』，這也是本書的重點）。COMT 基因裡的 SNP 能讓人過度沉溺於工作、睡眠問題、經前症候群、停經，當然也會引發癌症，還會使人充滿活力、熱情和精神（沒錯，許多 SNP 會同時帶來好處和壞處）。

當我的病人經過合作後，突然解開了多年來困擾著他們的健康謎題，原來問題的癥結點可能是來自 SNP。當他們理解飲食和生活方式能重塑基因行為後，那些原本看似無解，甚至令人無望

的問題，終於能有點頭緒了。

髒基因讓你生病了嗎？

　　你可能曾經聽說過，基因會影響身體健康。你也絕對曾聽過醫生這麼告訴你，因為你們家族都有這些病況，所以你會比較容易得到心臟疾病、憂鬱症、焦慮症及（或）其他症候群。

　　這些消息大多令人沮喪。「我很害怕，」他們往往告訴我。「我的基因註定我這輩子都得這樣了。」

　　錯了！

　　經過多年來研究基因異常這門新科技，並成功治癒數千名病人後（包含我自己和我的家人），我要向你提出一個絕對令人興奮的新方法：這是經證實能有效改善先天基因缺陷的方法。你能用它來創造更健康、更有活力的自己。

　　所以我得清楚強調：基因不是你的命運！

　　「嗯，」你的基因好像會這樣說。「因為這個女人的母親有憂鬱症，所以她也得有憂鬱症。她的父親有心臟疾病，所以也讓她得到一些心臟疾病。那她遺傳自祖母那邊的害羞、焦慮的個性呢？我們就快完成了，但還差另一項成分，輕微的注意力不足過動症，但不至於要上醫院求診。但是，她會像她的兩位叔叔一樣，總是很難集中注意力。這樣就大功告成了！祝妳好運囉！好好享受我們為妳編寫的命運，因為妳不管怎麼做都無法改變命運！」

聽起來很荒唐，對吧？好在那種觀點是錯誤的。與其說基因像石刻的字，倒不如說基因命運是放在雲端裡的一份文件。你得時時編輯、修改這份文件。比方說，每當你喝汽水、只睡了四個小時、洗頭時使用工業化學物做成的洗髮精，或者工作壓力不堪負荷的時候，就好像你用放大的字體，寫下這份文件的負面內容，弄髒、汙染了基因本身。而每當你吃一些有機綠葉蔬菜、得到充足的睡眠、使用無化學原料的洗髮精、跟朋友一起大笑或做一些瑜伽運動時，正面內容的版面就增加，使得負面內容的字體大小只剩下一，版面小到幾乎都看不到了。

基因並不是為你設立法令規定，而是會與你協商，而且它們不會只有一個聲音。基因就像是一個委員會，它們也會有彼此意見不合的時候。

委員會裡有些成員很嚴酷，總是不停地大叫著「心臟病！」或「憂鬱症！」或「極度缺乏自信心！」如果不知道怎樣才是與它們合作的正確方式，那些吵雜又嚴厲的聲音可能會成天左右你。

但是，只要你確實知道該如何與你的「基因委員會」合作，就能獲得更棒的正面成果。你可以降低那些吵雜的負面聲音，甚至完全關掉。同時，你可以提高那些「情緒穩定！」「健康的心臟！」以及「充滿自信！」的聲音。

那麼現在就準備開始修復髒基因，因為這正是你接下來要做的事情。在此書中，你將學習如何從現在起以及在接下來的人生中，充分應用你的基因遺傳。

你的基因是不好的嗎？以下是一些常見的症狀

- 關節及（或）肌肉疼痛
- 胃酸逆流／火燒心
- 粉刺
- 過敏反應
- 發怒及攻擊行為
- 焦慮
- 注意力問題
- 血糖劇烈震盪
- 腦霧
- 手腳冰冷
- 便祕
- 飲食衝動，尤其渴望碳水化合物和糖分
- 憂鬱
- 腹瀉
- 性格急躁
- 容易疲憊
- 纖維肌痛症
- 食物不耐症
- 膽結石
- 胃脹氣
- 頭疼／偏頭痛
- 心跳加速

- 消化不良
- 失眠
- 易怒
- 皮膚發癢
- 停經／停經前症狀
- 情緒擺盪
- 流鼻血
- 肥胖／體重增加
- 經前症候群／經期不順
- 多囊性卵巢症候群（PCOS）
- 玫瑰斑（酒槽性皮膚炎）
- 流鼻水／鼻塞
- 多汗
- 無法解釋的症狀—就是「感覺不對勁」
- 過度沉迷工作

不從基因下手，就無法得到完整治療

如果上述的症狀曾讓你感到困擾，醫生也許會說這不是真的生病，或者為了緩解這些症狀，你曾經吃了某些藥物，比方說抗生素、止痛藥、制酸劑、抗憂鬱藥物、抗焦慮藥物，而忽略了引起那些症狀的真正問題。

或許你比較幸運，透過飲食、生活方式和其他自然方式恢復

健康和身心平衡。即便如此，倘若你還不認識自己的髒基因，也就是造成各種症狀的根因，那些治療工作也不算完成了。

這是因為表觀遺傳學，藉由修改基因表現來促進生活和健康，是大部份執業專業人士仍未熟諳的先進醫學領域。僅有少數人懂得從基因研究中，找出能改善健康的實際行動，而我正是其中一人，這也是很多優秀的保健專家會要我訓練和建議他們的原因。

因此，本書所提出的建議，都是根據最新的科學資料。雖然大部份的保健業者還不知道這些資訊，不過我很篤定，在接下來的幾年內，跟這本書相近的療法必會廣為業界所知，甚至會訂立標準。

我是哪一科的醫生呢？

我是一名自然療法醫生（naturopathic physician）。自然療法（naturopathy）是利用自然方法來恢復健康及身心平衡，是一種以科學為基礎的醫學系統。我們治療的對象不是症狀，而是針對症狀的根因，藉由自然方式如飲食、生活方式、藥草、補充品，同時避免接觸化學物，來促進排毒和降低及（或）緩解壓力。許多醫師、護士和其他醫護人員也漸漸使用一種類似的方法，功能／整合療法，同樣強調使用自然方式根除病因。

我也深受髒基因之苦

我的個性相當緊繃和專注，經常一不小心就大發雷霆，我會突然發起脾氣和感到挫敗。我似乎比大部分的人有更多的感受，因此變得比較沒耐心，卻也更有決心。此外，我經常會劇烈的胃痛。然而就在幾年前，我發現自己的白血球將會越來越少，也開始對化學品和二手菸特別敏感。

後來我才發現，這些特性原來跟特定的 SNP 有非常強烈的關聯，所以我得找出可吃及不可吃的食物，好讓我能彰顯這些特性帶來的好處，同時降低甚至排除壞處。我還發現睡眠、壓力和接觸有毒物質決定了單核苷酸多態性會帶給我的影響。也就是說，**我的飲食和生活方式會影響許多基因的表現。**

在我完成華盛頓大學細胞與分子生物學的學士學位後，我進入了帶領自然醫學發展的教育機構貝斯帝爾大學（Bastyr University）。諷刺的是，即便我知道該如何讓別人更加健康，但我還是很擔心自己。畢竟家族裡，有許多人曾經罹癌、嗜酒和中風，我是不是也會一樣呢？我知道飲食和生活方式絕對會影響人體健康，但我無法就此打住腳步，停止探究人體的基因拼圖。

到了二〇〇五年，我跟一名非常優秀環境醫學醫生合作，他開發出一種療程，能有效幫助那些深受重金屬和工業化學物荼毒的人們，而且大部份病人的反應都很不錯，僅有一些人沒有感受到改善，還有一些人的病況變得更糟糕了。

「你覺得這是因為基因嗎？」我問他。「有些人的基因是不

是會讓他們難以清除體內的化學物殘留呢？」

　　這是個很有趣的問題，而當時我的指導老師沒有答案。然而，當我在二〇〇七年看到了《雙鼠記》後，我才發現基因和環境確實會一起形塑我們的健康。所以關鍵是得先找出汙染我們基因的方式，以及怎樣修復那些基因。

　　兩年後有個同事問我，有哪些不用藥的方式可以幫助躁鬱症病人。當時我便急著分享著一些再平常不過的答案；但是，我忽然停頓了，因為我想到自己早已經畢業好幾年了，這代表或許我已經錯過了一些新的研究。

　　經過了三個小時，網路搜尋的結果令我非常驚訝。我查到亞甲基四氫葉酸還原酶基因（MTHFR 基因）中的單核苷酸多態性，原來與躁鬱症是有關連的，這消息已經足以令人興奮了。再經過更深入的調查後，我得知 MTHFR 基因單核苷酸多態性還會影響許多其他重大健康問題，包含焦慮症、中風、心肌梗塞、慣性流產、憂鬱症、阿茲海默症及癌症。

　　最後我讓我自己和我的家人來驗證這項研究成果，我驚駭地發現不只我自己有數個 MTHFR 基因單核苷酸多態性，就連我的兩個兒子也是如此。

　　所以我得開始研究。我開始學習更多有關 MTHFR 基因的事情，而在這過程之中，我發現了許多其他的髒基因。因此在接下來的十年裡，為了幫助我的病人修復他們的髒基因，我將所有的時間都放在研究、學習和反覆試驗上。最後，我完成了「全面修復」的療程（本書第 12 章），我也學習該如何針對特定基因問題

進行「重點式修復」（本書第 15 章）。我終於鬆了一口氣！我和我的兩個寶貝兒子都能維持健康，以及那些多到數不清的人也是，包含直接求助於我的病患，以及來參加我專為醫生、營養師，和其他健康專業人士開設工作坊的與會人士。

基因會按照你所做的，影響健康

　　要記住，我們的基因無時無刻都在撰寫關於你我的健康文件。舉例來說，基因一直告訴你的身體「重建你的肌膚！」當你去角質時，肌膚就會生成新細胞來取代死去的細胞。所以基因無時無刻都會在這份文件上寫些新的事情，告訴身體該進行修復。試想如果你長期喜歡吃高糖分的食品、睡眠不足或壓力過大，基因會在這份文件上寫些什麼內容呢？嗯，也許會是：請讓這女人擁有灰暗又毫無光澤感的肌膚，還要長滿粉刺，或許還有一些酒糟性皮膚炎。從另一個角度來說，要是你讓基因獲得健康脂肪、充足睡眠和放鬆自己的時間，你將會看到截然不同的文件內容：這個人會有健康且耀眼的肌膚，讓她比實際年齡看起來還要年輕十歲！基因將不停地為你持續撰寫這份文件的內容，然而它們將寫下的內容是由你自己來決定。

　　接下來是我個人最喜歡的：心智的便箋。而且在便箋上的指示正是神經傳導物質，負責管理想法、心情和情緒的生化物質，如血清素、多巴胺及正腎上腺素。大腦裡會處理數千個生化反應，而在這個處理過程中，有許多可能會出錯的地方。

所以你的目標便是讓基因在便箋上，寫下正面的內容：讓這人能在白天時保持敏銳、專注、冷靜且充滿活力，晚上時也能放輕鬆、維持平靜及安穩入睡。你絕不想看到便箋上有健忘、憂鬱、焦慮、易怒、失眠、上癮和腦霧等字眼。

沒錯，基因也會編寫你的生活。但便箋內容的主軸是由你自己決定。

聽起來很棒吧？那我們現在就開始吧！請繼續閱讀這本書裡的故事，這些都是來自我的病人的親身經歷，而且是其中最具戲劇性且能激勵人心的成功故事，只要你修復了基因，你也會獲得成功。

第 1 部

控制基因，有可能嗎？

第 1 章　為何基因
生病了？

身心飽受過敏的凱莉

當凱莉第一次來找我時，她相當煩躁。她一手捏著一團衛生紙，另一隻手不斷地摀著流鼻水的鼻子，或輕擦她不斷流出淚水的眼睛。她的皮膚既泛紅還有些許魚鱗癬，她的頭髮看起來乾枯又扁塌。

「只要一聞到顏料的氣味，我馬上就開始喘氣了，」她這麼告訴我，還一邊拿著衛生紙擦鼻子。「我每次一開始打掃廚房，就會開始流淚。甚至找不到哪罐洗髮精或洗手皂，能讓我不流眼淚。我已經試過所有的產品，但是沒有一樣產品我不過敏的。我都快抓狂了。」

從她的症狀看來，我懷疑她的 GST／GPX 基因裡，一定有一個或以上的 SNP，讓身體難以正常排毒。我們的身體就會長時間浸泡在毒素中。然而在現今世界中，周遭環境隨時都是有毒物質，工業化學物和重金屬充斥著我們的空氣、水、洗髮精、臉霜、食物、洗碗精、洗衣精等等多到不勝枚舉。

我們每天需要呼吸一萬一千公升的空氣，以及喝下八杯份量的水和吃一‧八公斤重的食物，該怎麼辦呢？根據目前紀錄，這些攝取量至少會讓大約一億兩千九百萬個工業化學物進入到人體內。如果 GST／GPX 基因已經被汙染了，身體就幾乎不可能幫我們過濾掉那些化學物質。倘若你還有其他的致病基因，就得費更大勁兒完成整個過濾過程。因此，為了幫助凱莉排除這些症狀，她不只需要購買有機產品，還需要修復她的髒基因。

有心血管疾病遺傳的傑莫

傑莫是個緊張的男人，他也的確有應緊張的理由。他來找我是因為他的祖父和叔叔都在年屆五十幾歲時，併發心肌梗塞過世了，現在他六十幾歲的老父親也正在接受心血管疾病的治療。

「我想知道我的家族是怎麼回事，」傑莫這麼告訴我。「我覺得自己好像被判了死刑一樣，可我不想成為下一個死刑犯。」

就他的家族罹患心血管疾病的人數看來，他極有可能是天生就具有致病的 NOS3 基因，而這種基因正是影響心臟功能及循環的重要關鍵。他的家族史已經提出了不容置疑的鐵證，基因遺傳能影響健康。

能影響健康，但絕非必然。無論是補充營養或藉由改變生活方式，有太多種方法可以幫助傑莫和他的父親。甚至除了原本醫師提供的醫療協助之外，也還有其他的醫療選項。

「你已經踏出了第一步—接下來還有很多可以做的，」我告訴他。「你只是需要具備正確的工具。」

深受憂鬱症所苦的泰勒

泰勒從有記憶以來，都深受憂鬱症所苦。她告訴我最嚴重的問題之一，就是每當她要上臺報告或考試時，會覺得自己好像整個人都僵住了。明明心情還挺放鬆，她也都背得滾瓜爛熟；然而，一旦她面對壓力時，就好像被洗掉記憶似的，什麼都不記得了。

我在許多病人身上，也見到跟泰勒一樣的焦慮表現，包括我

自己。我也曾看過同樣的心情擺盪，當心情憂鬱時，就會覺得任何事情都會出錯。從她的症狀看來，我很確定她正面對是已受汙染的 MTHFR 基因。

「如果 MTHFR 基因出問題了，它就會用各種方式破壞你的心理和生理健康，」我告訴泰勒。這是因為 MTHFR 基因是人體最重要的生物過程之一。因此，天生有問題的 MTHFR 基因不只能造成焦慮和憂鬱，還能帶來其他症狀，像是體重增加、頭痛、疲勞和腦霧。因此修復 MTHFR 基因是平衡情緒、改善自我表現和維持健康的重要步驟。

凱莉、傑莫和泰勒都受到髒基因的折磨，也是造成他們健康問題的根因。如果你也有第 14 至 15 頁的症狀，那麼髒基因很有可能也是破壞你的健康的元凶。

關於基因的驚人真相

大部份的人包含你的醫生，都不認為基因是影響目前健康情況的主動、動態因素，甚至覺得基因像是無法變更、也無法避免的一套指令，是父母在創造出下一代的那刻起，便賦予你我的絕對指令。

我要你改變這個想法。我要你將基因看作是每天參與你的健康活動的一員，而不是將基因遺傳當成前人給予你的一套固定指令。從現在起，當你在讀此書時，身體裡有上千個基因正在下指令給你的大腦、消化道、皮膚、心臟、肝臟和其他內臟。這些基

因指令會形塑所有的經驗和健康，同時基因也會分分秒秒地傳遞這些經驗和健康。你呼吸的每一口氣、觸碰每個物體、想到每個念頭，都是在下指令給你的基因，然後基因便會回應。

比方說吃了一頓份量遠超過身體的負荷的午餐。此時你的基因負荷過重。由於基因承受這些食物帶來的超額負擔，它們只能要求新陳代謝動作慢一些。暴飲暴食使基因無法順利進行甲基化（這是促進至少兩百個以上身體功能運作的關鍵過程，包含肌膚修復、消化、排毒，以及維持心情平穩和思緒清晰），因此會導致基因做出上百個不同且糟糕的指令。

又比方說昨天因為打電動、回覆電子郵件或看電視追劇，而熬夜晚睡。早上鬧鐘響了，你只好把自己從被窩裡挖起來，然後利用週末補眠。不過，基因是活在當下的時空裡，而且它們可討厭睡眠不足了。所以它們會下令改變消化、心情、新陳代謝和大腦，所以在這當下，你的健康便開始產生變化，變得更衰弱了些。

當然，倘若大部份的時間都有均衡飲食及充足睡眠，減少接觸環境中的有毒物質，並管理壓力，偶而大餐或熬夜並不會有太大的影響。雖然基因也會做出稍微不一樣的反應，但是因為身體強壯且具有彈性，尚足以應付這些額外的小挑戰。

然而，如果你不斷地讓基因在不好的環境下運作，它們就會一直下達不好的指令。為什麼呢？因為每個後備基因都會推動下一個後備基因，一個接著一個。所以你甚至不會察覺到，體內有太多的基因都已經陷入苦戰了。這時你的健康已經每況愈下，醫

生所能做的就是開立幾項藥物，來治療你的不適症狀。

我想提供你更好的方式。我要幫助你，讓基因能下達它們本該給予的指令，藉此讓你擁有最健康的身體。我要讓你的前線基因盡可能地持續正常運作，且盡可能不讓後備基因上場。如果你也希望如此，那就記住了：想擁有最理想的健康狀態，訣竅就是幫助自己的基因。

每一個人都會有「髒基因」

我們會有兩種髒基因，而且都能帶來許多徵狀和病症。

1.先天遺傳的髒基因

先天有缺陷的基因在科學上被稱為基因多型性（genetic polymorphism），是一種比較冠冕堂皇的方式來形容「基因多樣化」。如前言所提到的，這些基因也被稱為單核苷酸多態性，或簡稱 SNP（英文的發音是 snips）。這些髒基因確實會對你的身體和大腦產生極大的影響，來決定你的胖瘦、個性懶散或活潑、悲觀或樂觀、焦慮或冷靜。

人體約有二萬個基因。在這些基因中，目前已知有超過一千萬個基因多型性（SNP），而每個人可能擁有一百二十萬個 SNP。然而，目前已知可能具有改變基因功能潛力的 SNP，則大約只有四萬個。在本書中，我們將聚焦在最可能對健康造成最嚴重影響的七大基因中的關鍵 SNP。我選出這些超級基因，是因為

它們會影響幾百個其他的基因。在這七個基因中，只要有一個基因被汙染了，肯定也會弄髒其他的基因。

一旦了解自己具有哪些 SNP，好消息是你會更明白自己遇到的健康及情緒問題。但是，SNP 也會讓帶給人不同於前述的力量，像是充沛的活力、精神抖擻、充滿熱情、願意奉獻、堅定的決心以及難以動搖的專注力。

一旦你與自己的 SNP 合作，能藉此提升你的力量，並降低那些弱點發出的噪音。如此一來，那些你曾認為是「正常」的反應，結果可能不是這麼一回事，這樣豈不是太棒了嗎？

2.後天造成的髒基因

就算你的基因生來沒有缺陷，但也會因為沒能得到必要的營養、生活方式或環境，維生素攝取不足、睡得太少、接觸太多化學物質、壓力太大，導致它們無法發揮出最佳機能。改善飲食和生活方式，可能使基因有全然不同的表現。

在科學上，這就稱為基因表現（genetic expression）：基因為了回應你的環境、飲食、生活方式及心境而做出的表現。因此根據做出表現的基因，以及基因所做出的反應，讓你得以維持健康活力，也能容光煥發。或者，你可能會承受許多症狀：肥胖、焦慮、憂鬱、爆粉刺、頭痛、疲倦、關節疼痛、消化不良。如果基因已經非常汙濁了，甚至還會遇上更嚴重的情況，如自體免疫疾病、糖尿病、心臟病及癌症。

　　我得再說一次，「28 天基因修復療程」是劑解藥。倘若你能提供基因所需的飲食和生活方式，它們便會堂堂正正地運作，而不會表現失常，讓你得到最理想的身心健康狀態，得到更優質的生活。

認識七大超級基因

　　接下來介紹此書中鎖定探討的七個基因，我稱它們為超級基因。我選中這些基因，是因為許多研究已經發現它們對人體有最深遠的影響。倘若這些傢伙被弄髒了，不論它們是先天遺傳或後天造成，其他基因也會被汙染。不僅是這七個基因，有些髒基因一旦沾汙染汙後，便很難刷洗乾淨。但是，透過改變飲食和生活方式，就可以輕鬆修復這七個基因了。

1. MTHFR 基因：甲基化的主要基因

　　這個基因會啟動身體執行甲基化的能力，而甲基化又會對諸多人體作用產生影響的關鍵過程，包括壓力反應、發炎症狀、腦內化學變化、產生熱量、免疫反應、排毒、產生抗氧物質、細胞修復和基因表現。

倘若 MTHFR 基因是先天遺傳時：

優點：個性較強烈、機敏、具有生產力、專注力、較佳的 DNA 修復能力，以及降低罹患結腸癌的風險。

缺點：容易有憂鬱、焦慮、自體免疫疾病、偏頭痛，以及增

加罹患胃癌風險、自閉症、妊娠併發症、唐氏症、先天缺陷及心血管問題，例如心肌梗塞、中風和血栓。

2. COMT 基因：處理壓力的能力

COMT 基因與它的 SNP 對心情、專注力，以及對身體處理雌激素的方式都有莫大的影響，而雌激素是影響月經週期、子宮肌瘤，和某些雌激素敏感的癌症的關鍵因素。

倘若 COMT 基因是先天遺傳時：

優點：專注、充滿活力和警覺性、精神抖擻、容光煥發。

缺點：易怒、失眠、焦慮、子宮肌瘤，以及增加罹患雌激素敏感癌症、考試焦慮症、神經系統障礙的風險、偏頭痛、經前症候群、個性急躁、容易成癮。

3. DAO 基因：引起食物和化學物質過敏源頭

當這個基因汙染時，各種食物和飲料中的組織胺，或某些腸道細菌產生的組織胺時，引起的身體反應可能導致食物敏感症，甚至過敏反應。

倘若 DAO 基因是先天遺傳時：

優點：迅速察覺過敏原和致使過敏的食物（好讓你在這些食物引發更嚴重的長期問題前，早一步將問題食物從你的飲食清單內剔除）。

缺點：食物敏感症、妊娠併發症、腸漏症、過敏反應，以及增加罹患更嚴重病症（如自體免疫疾病）的風險。

4. MAOA 基因：決定心情和渴望碳水化合物的多寡

這個基因幫助管理體內的多巴胺、正腎上腺素及血清素的水平，這些都是會影響心情、敏銳度、活力、容易成癮、自信心及睡眠的關鍵腦內化學物質。

倘若 MAOA 基因是先天遺傳時：

優點：活力、自信心、專注力，以及總是充滿生產力和愉悅的心情。

缺點：心情陰晴不定、渴望碳水化合物、易怒、偏頭痛、失眠及成癮。

5. GST／GPX 基因：決定排毒能力優劣

GST／GPX 基因會影響身體將化學物質排出體外的能力。

倘若 GST／GPX 基因是先天遺傳時：

優點：（在化學物質有機會讓你生病前）迅速察覺潛在有害化學物質，對化療會有比較正面的反應。

缺點：對潛在有害化學物質更為敏感（並可能出現不同程度的反應，輕者出現輕微的症狀，嚴重時可能出現嚴重的自體免疫疾病及癌症），以及對 DNA 的損害較為劇烈（進而增加罹癌風險）。

6. NOS3 基因：心臟健康的關鍵

NOS3 基因會影響體內一氧化氮的生成，而一氧化氮是維持心臟健康的主要關鍵，會影響血液流動和血管新生的過程。

倘若 **NOS3** 基因是先天遺傳時：

優點：罹癌時能減緩血管新生（血管生成），進而減緩癌症惡化速度。

缺點：頭痛、高血壓、易罹心臟疾病、心肌梗塞、失智症。

7. PEMT 基因：維持細胞膜及肝臟健康

這個基因會影響體內磷脂醯膽鹼（phosphatidylcholine）的生成，而磷脂醯膽鹼是一種非常重要的必需化合物，以維護細胞壁、膽汁流量、肌肉健康及腦部發展。

倘若 PEMT 基因是先天缺陷時：

優點：促進甲基化，以及對化療產生較佳的反應。

缺點：罹患膽囊疾病、小腸細菌過度生長、妊娠併發症、細胞膜脆弱及肌肉疼痛。

後天造成的髒基因

即便你都沒有這些基因的 SNP，也可能因為錯誤的飲食和生活方式，而汙染了它們，可能出現無法代謝營養素、平衡腦內化學作用、修復受損細胞及其他各種任務。結果呢？你的體重增加了，變得比較遲鈍、感到憂鬱、焦慮，難以聚集注意力、皮膚出現粉刺、開始頭痛……等等問題罄竹難書。

比方說，服用制酸劑會擾亂許多主要基因，包含 MTHFR 基因、MAOA 基因和 DAO 基因。服用二甲雙胍（一種治療糖尿病的常用藥物）會干擾 MAOA 基因和 DAO 基因的運作。服用避孕

藥物以及接受荷爾蒙替代療法，甚至服用生物同質性荷爾蒙，都會抑制 MTHFR 基因和 COMT 基因。

更糟糕的是，每多一個會汙染基因的因素，就會增添另一個變數。這些日積月累的影響很快地就會重創你的整體健康。這可不是單純的「1+1+1+1=4」，而是會「1+1+1+1=50」！

為什麼呢？這是因為所有的基因都會彼此交互作用。當一個基因被弄髒後，已經無法正常運作，所以其他幾個基因就會挺身幫忙，接著它們也被汙染了。身體就是一個神奇的連動系統，裡面發生的問題會以迅雷不及掩耳的速度擴散和加劇。

這裡的好消息是，健康也會以同樣的速度迅速散播及加乘。等修復了那些髒基因，你會開始感到前所未有的美妙感受。心情好轉了，慢性肌肉疼痛也消失了。腦霧終於散去，能感受到滿滿的活力。過敏症狀消失了，體重也漸漸減輕了。

如果髒基因是天生健全但後天被汙染的，那麼修復基因能夠帶給你極大的助力。倘若你有的髒基因是出於先天，只要提供它們需要的幫助，你便會發現全然不同的人生。

做哪些事會汙染基因？

飲食

■ 攝取太多碳水化合物。

■ 攝取太多糖分。

■ 攝取太多蛋白質。

- 攝取太少蛋白質。
- 攝取太少健康脂肪。
- 攝取太少基因所需的營養素，例如維他命 B、維他命 C、
  銅和鋅。

運動
- 久坐。
- 過度訓練。
- 電解質不足。
- 脫水。

睡眠
- 缺乏深層、恢復性睡眠。
- 晚睡晚起。
- 不規律的睡眠模式。

環境毒素
- 不乾淨的食物。
- 不乾淨的水源。
- 不乾淨的空氣，包含室內空氣。
- 不乾淨的產品：噴霧、清潔用品、化妝品、顏料、農藥、
  除草劑。

壓力

■ 生理壓力：長期生病、慢性感染、食物不耐症／過敏、睡眠不足。

■ 心理壓力：工作、家庭、伴侶、生活等問題引起的壓力。

---

28 天的基因修復療程

幸運的是，這裡有一個方法可以幫助我們修復那些髒基因。只要四週的時間，這個方法能徹底幫助你修復基因。

步驟一：用兩週的時間，進行「全面修復」

■ **填寫【基因檢測清單一】：「你有哪些基因需要修復？」**
完成了這份問卷後，確認你的症狀和個性特質，我們就可以了解你的底線在哪裡，這可以幫助我們鎖定運作不佳的基因，並區別這些基因是屬於先天或後天髒的基因。

■ **依循療程計畫：** 在為期兩週的療程中，你要按表操課，包含攝取健康食物、充足睡眠、降低接觸毒物和舒緩壓力。在這段期間，每個人都需要遵守一樣的計畫內容，因為這麼做才能有效清除體內垃圾。另外，還有許多美味的料理食譜，讓我們一起在這十四天內，從飲食、睡眠、運動、排毒和紓壓方面展開療程。

步驟二：用兩週的時間，進行「重點式修復」

■ **完成【基因檢測清單二】：「哪些基因需要加強修復？」**

你會填寫第二份基因檢測清單，藉此找出哪些髒基因仍存在，或許因為它們天生如此，又或許它們還需要一些助援。

■ **依循療程計畫：**這會是一套量身打造的療程。根據你自己的基因清單，繼續在飲食和生活方式上進行「28 天基因修復療程」，同時藉由具體調整來加強。

步驟三：維持乾淨的生活

在接下來的日子裡，你需要確保維持基因不被汙染，同時也特別留意髒基因。

■ **完成【基因檢測清單二】：「哪些基因需要加強修復？」**

每三至六個月後，都要拿出第二份基因清單，整理並找出任何擾亂你的髒基因。

■ **依循療程計畫：**遵守在這四週內學習到的健康飲食和生活方式，並在需要時，進行你個人的重點式修復。

基因檢測的好處與壞處

我有許多病人都請做過基因檢測，雖然那些檢測資料有時候能幫得上忙，但卻也帶來更多疑惑：「請大量服用維他命 X 來幫助某 A 基因；為了幫助 B 基因，請不要吃維他命 X；適量服用維他命 X 來幫助某 C 基因。」你該如何按照這樣的建議去做？更遺

憾的是，大部分的醫生也幫不了太多忙。

　　這是我撰寫這本書的主要原因——**即使不用做基因檢測，也能修復基因**。假如能找到專業人士，用任何方式來幫你搞清楚這些檢測結果，那麼做檢測當然無妨。然而，如果本書的「28 天基因修復療程」無法提供你想要的結果，建議你要去尋找能對情況幫上忙的專業人士。

　　不過，在多數的情況下，我們不一定需要做基因檢測。只要持續按照「28 天基因修復療程」，並觀察自己的身體健康是否有改善了。當你發現修復基因能幫助你擊退疲憊、失眠、易怒、注意力不足／過動症、焦慮症、憂鬱症、體重增加及各種其他症狀，你就可以準備慶祝了！

我們為何會有 SNP？

　　從這個角度來看，SNP 還真是個麻煩精。誰想要有會餵養焦慮、鼓勵你過度執著某種事物、讓你難以入眠，或對有毒物品超級敏感的基因呢？如果能自由選擇，誰不想要有百分之百的好基因呢？

　　科學家懷疑，由於人類生活在許多不同的環境中，SNP 也許會進化。人類遷徙的痕跡遍布整個地球，為了適應新環境，我們的身體也會隨之做出些微但絕對關鍵的改變，而 SNP 或許也是這故事的一角。

　　現在的你能夠取得幾乎任何種類的食物，也可以到販售維他

命的店面去購買營養補充品。你不需要面對前人的環境限制，但確實需要知道該怎麼回應先天就被汙染的 SNP。所幸有了正確的資訊，無論有哪些基因生來就有問題，你都能好好幫助它們。

他們都治療成功，你也可以

我也鼓勵凱莉、傑莫和泰勒參加一樣的療程：一個完整的飲食、生活方式和預防療程計畫，來幫你修復基因。他們都看到了好處，但是每個人的速度和方式都不一樣。

例如，在第一階段時，凱莉的反應非常好，但她仍還有流鼻水、魚鱗癬和枯槁的頭髮等問題。顯然她的 GST／GPX 基因需要更多幫助，所以我們接下來這麼做：

- 服用脂質體穀胱甘肽（一種非處方藥），並逐漸增加劑量。
- 加裝了水龍頭的濾網，煮飯時要使用吸油煙機及高發煙點的油品。不乾淨的水源和汙濁的空氣往往是我們會最容易接觸到問題化學物品的方式，進而增加我們的 GST／GPX 基因的負擔。
- 凱莉開始每週做兩次蒸氣浴，好讓她「流汗」。

經過僅僅兩週的「重點式修復」後，凱莉的頭髮、肌膚和活力都有了明顯進步。又過了幾週後，她的鼻腔也暢通了，整個人開始散發出健康的光芒。比起抵抗她的基因，與基因合作能帶來更大的不同。

　　傑莫已經在第一階段療程獲得助益，但是他還需要一些「重點式修復」。跟凱莉一樣，他也有服用脂質體穀胱甘肽，以及另一種稱為 PQQ 的營養補充品〔全名是吡咯喹啉醌（pyrroloquinoline quinone）〕。我後來還建議他攝取精氨酸（arginine），因此，傑莫開始攝取富含精氨酸的食物：芝麻葉、培根、甜菜、青江菜、香芹、大白菜、黃瓜等。他的體重開始下降，身體也比較好了，他終於能夠不再認定基因判他死刑了。

　　「現在我知道該怎麼做了，我覺得我可以與基因合作，而不是老是擔心他們要對我做些什麼，」他告訴我。「不過我得幫助我的父親。我真希望我的叔叔和爺爺也能知道這些資訊。」

　　泰勒的憂鬱情形和情緒起伏就比較棘手些。雖然在第一階段後，好像有好一些了，但她仍覺得自己提不起勁來。

　　攝取需多葉類蔬菜或許可以幫助泰勒。但我知道讓她難以產生動力的原因，是出自她的憂鬱症。我並不想指派任務給她（像是準備沙拉或烹煮綠色蔬菜），那樣會感覺更有負擔。因此，我請她每週服用兩次甲基葉酸（methylfolate），這是一種活性型態的天然葉酸。一旦她好轉後，就有力量改變飲食，並能降低，甚至停止服用這個補充品。

　　此外，我要求泰勒少吃包裝及加工食品，或她至少得確認食品標籤上的合成葉酸含量。合成葉酸是非常常見的食品添加物，它會阻撓正常使用甲基葉酸的通道。當這些通道被過量的合成葉酸堵住後，就算你透過日常飲食和營養補充品來攝取再多的甲基葉酸，你的身體都無法利用到這些營養。

果然不出所料，經過泰勒幾天來服用甲基葉酸及少吃合成葉酸，她感覺自己已經好多了，憂鬱的情緒很快就消散了。經過了幾週後，她開始吃更多的綠色蔬菜，所以我們甲基葉酸劑量縮減至每週一次。隨著她的情況持續進步，我們或許能讓她不用額外服用任何營養補充品。

「哇！」最近一次見到泰勒的時候，她告訴我。「太不一樣了！我簡直宛若新生。」我也看得出來：泰勒看起來充滿朝氣、熱情和平靜。透過提供基因所需的必要營養，她創造了嶄新的人生。

泰勒、傑莫和凱莉辦到的，我已經在許多病人身上，看見這個療程的效用。當一位女士經過多次慣性流產後，在某次會議上像我炫耀她美麗的孩子，或者當一位男生寫信告訴我，這是他這輩子第一次擺脫焦慮和憂鬱的魔爪，他們一再提醒著我，修復髒基因是多麼重要的事。

第 2 章　解密基因，提升身體自癒力

當潔西第跟我第一次見面時，她很急躁，而且沒什麼耐心。

「我的醫生有做檢查了，發現我的 MTHFR 基因有 SNP，」她告訴我。「我該吃什麼藥呢？」

「先等一下，」我回答她。「妳不會只有一個基因，或一個 SNP。妳有上千個基因，所以妳的 SNP 可能也有數千個。而且這些 SNP 之間會互相對話。我們不能只看單一個 SNP，我們得看得更遠些。」

「我以為如果我只有一個 SNP，所以只要找到對的營養補充品就可以了。」潔西說道。

我聽了搖搖頭。「SNP 很重要沒錯，服用特定補充品來幫助特定 SNP 也許有幫助。但是，妳的健康問題不太只是單一 SNP 造成的。所以光吃營養補充品是不夠的。這不是『生什麼病就吃什麼藥』就能解決的問題。就像我說的，我們要端視事情的整體樣貌。」

我在前言已經解釋道，基因會時時刻刻下達指令給身體。當你在閱讀這段文字的同時，基因正告訴新陳代謝系統要加快或放慢一點速度，進而影響你的活力和體重狀況。它們會下達指定，命令大腦調節情緒及注意焦點，讓你感到焦慮或平靜、憂鬱或樂觀、專注或分心。因為基因會不斷地「告訴」大腦和身體，所以我們不能只聚焦在這個談話中的一小部份，我們必須檢視整段談話內容。

你可以把健康情況想像成，當大都市到了交通繁忙巔峰的時刻，你塞在水洩不通的車陣中緩緩前進時，著急著想盡快趕到都

市另一頭，這下該怎麼辦才好呢？

　　假如你組成一個公民團體，去說服這個都市讓開一條專用道路給跨市的車輛行駛。只要車子開上那條專門道路，駕駛就能迅速穿過市中心。不，一點也不好。雖然這點子乍聽之下還不賴，但原本用這條道路去做其他事情的駕駛，又該怎麼辦呢？雖然能在都市實施新的交通疏運方案，讓駕駛得以使用其他的替代道路，但那些道路也會變得更加繁忙。你可能曾試著站出來幫忙指揮交通，但結果只是讓其他地方的交通變得更壅塞。所以一定得針對整體問題提出解決方案，而不是只解決問題的一小部份，否則整個問題會變得更棘手。

　　身體也是一樣的。執行有助修復所有髒基因，同時維持基因整潔的飲食和生活方式，才能真正改善整體情況。

甲基化：少了它就無法修復基因了！

　　基因的表現都是由甲基化操控的，以決定是否啟動或關閉某一個特定的基因，因此最終都是透過甲基化，來負責調節每個細胞內的每一個基因。

　　甲基化就是將「甲基」（methyl group）由一個碳原子加上三個氫原子組成加到體內的某些物質上（例如：基因、酶、荷爾蒙、神經傳導物質、維他命）。當體內發生甲基化時，意思是這個化合物被甲基化了。

　　這個系統如果故障，會發生什麼事呢？表示你的基因在應該

關閉時被開啟了，或是在應該開啟時沒有反應。當甲基化無法關閉基因運作時，典型的後果就是導致癌症。這下可不妙了。

還記得先前提到的《雙鼠記》嗎？其中一隻老鼠體重過重，體型比較大，也比較容易生病。另一隻老鼠則比較精瘦，有活力且很有抵抗力。因為牠們是同卵雙胞胎，所以他們的基因幾乎是一模一樣的。可是為什麼會有這些差別呢？

甲基化。這是因為健康的老鼠可以正常地進行甲基化，而不健康老鼠則無法完成甲基化。如果你有症狀或病症的困擾，無論是粉刺、頭痛、經前症候群，或是心臟病、糖尿病或肥胖，這幾乎就能確定了，你的身體沒有辦法有效進行甲基化，所以你的健康狀況才會不甚理想。

甲基化做得好，就得愛護肝臟

幾乎有 85% 的甲基化，都是在肝臟內進行的，所以最好盡可能照顧肝臟。

■ 飲酒要酌量，如果已經有甲基化的問題，更是少碰為妙。
■ 少接觸空氣、食物、水中的工業化學物和重金屬。
■ 少碰不必要的治療藥物和麻醉藥品。
■ 藉由「28 天基因修復療程」幫助身體解毒。

你的體內細胞中，每一秒都發生無數次的甲基化。所以暫停

一下，在你看到這段話的同時，想像現在體內正在進行的甲基化。現在讓我們來看看接下來的過程，我們的身體有數百種需要依賴甲基化的體內過程，而這些只不過少數的幾個例子而已：

1. 關掉生病基因

　　甲基化能關掉許多致病的基因，像是那些可怕的家族疾病或慢性疾病：憂鬱症、焦慮症、心臟病、痴呆症、肥胖、自體免疫疾病及癌症，這些疾病都要算在基因的份上。**倘若身體有適當地進行甲基化，那麼就能大幅地降低罹患這些惡疾的機會**，因為甲基化能改變基因發出的指令。舉例來說，當基因確實完成甲基化後，原本大聲疾呼著「憂鬱症！」或「心臟病！」的基因會突然被勒令噤聲，甚至轉為安靜了。

2. 轉換食物為能量

　　如果身體能擅於將食物轉換為能量，吃少量的食物也能維持體重又充滿活力。但反之，我們會吃得更多，變得又胖又遲鈍，且容易感到精疲力竭。血糖高低震盪也是許多人的煩惱來源，所以他們會更頻繁地吃，同時也消耗了更多的碳水化合物，因此在短期內，他們的身材走樣了，也更容易感覺疲憊。

　　這時候就必須靠甲基化來扭轉這個頹勢，甲基化會促進人體製造一種名為肉鹼（carnitine）的類胺基酸。肉鹼就像燃料，用來燃燒身上的脂肪。如此一來，血糖變得更加穩定，讓我們不斷地燃燒脂肪，而不是儲存脂肪。

　　甲基化還能幫助你盡可能有效地燃燒這些燃料，進而有助新陳代謝、活力及體重。

3. 製造細胞膜

　　人體細胞都由細胞膜一一包覆著。細胞膜就像是一道牆，讓養分進入細胞，同時阻隔有害物。為了製造出穩固的細胞膜，你需要良好的甲基化，來產生磷脂醯膽鹼（phosphatidylcholine），是建造這座城牆的關鍵材料。

　　你有吃維他命嗎？還是營養補充品嗎？如果無法適當進行甲基化，這些東西也不會帶給你任何好處。如果細胞膜無法正確運作，這些養分就無法進入細胞內，最後只會變成要價不斐的尿液罷了。

　　磷脂醯膽鹼還可以調節細胞的死亡速度，同時生成新的健康細胞取代每秒死去的兩百五十萬細胞。如果沒能生成足夠的新細胞，就可能會出現疼痛、疲勞、炎症和脂肪肝等徵狀。

　　最後，磷脂醯膽鹼能讓肝臟產生膽汁，幫助吸收脂肪，並調節小腸內的細菌。由於膽汁是從肝臟流到膽囊裡，所以如果甲基化發生了問題，就得注意膽囊方面的問題了。

妊娠期間的甲基化

在懷孕時，孕婦的身體會更頻繁地進行甲基化，以利胎兒及胎盤的發育。噁心、嘔吐或膽囊問題多半是由不良的甲基化

而引起的。你知道神經管發育缺陷和先天性心臟病，並不是缺乏葉酸而引起的嗎？而是甲基化不足造成的，但許多醫療專家也不知道。

如果已經懷孕，或正準備懷孕，一定要確保你跟伴侶都有攝取所有必要的養分，以利進行甲基化。「28 天基因修復療程」能讓你們贏在起跑點。

---

4. 大腦及肌肉運作

甲基化會製造出一種名為肌酸（creatine）的物質，是大腦和肌肉運作時需要使用的燃料。當感到肌肉疼痛、精疲力盡，或者思緒混亂、無法思考時，很可能就是不良的甲基化和缺乏肌酸造成的。

5. 生成及平衡神經傳導物質

血清素、多巴胺、褪黑激素等生化物質，都屬於神經傳導物質，正如字面上的意思，這些化學物質能透過神經元，將訊息傳遞到身體的各個角落。

當神經傳導物質達到平衡後，你變得輕易擁有敏銳又清晰的思緒，更加專注、冷靜、樂觀及熱情。但如果神經傳導物質失衡時，就彷彿置身一團迷霧中，無法聚集注意力，容易感到焦慮、悲觀，或總是覺得生活索然無味。如果曾經因為焦慮症、憂鬱

症、腦霧或注意力不足／過動症所苦，你就會知道這些大腦的化學物質有多麼重要。所以要獲得優質大腦化學物質，關鍵就在於甲基化。

6. 掌握壓力及放鬆反應

交感神經系統會為了迎接挑戰，做出壓力反應：付出更多努力、更關注、更勤奮，採取任何行動來完成任務。生理威脅會喚起壓力反應，因此又被暱稱是「戰鬥或逃跑反應」。想像當穴居人見到滿嘴利牙的老虎時，他們一定得起身奮鬥，或者拔腿就跑！需要作出費力的生理動作時，也會喚起壓力反應，例如駕駛漁船衝出大浪時，或為了新居所得翻越沙漠時。生理壓力來源可能會引起其他壓力反應，如睡眠不足、反覆生病或感染或食不下嚥，最後導致得服用會影響身體的藥物。

情緒方面的要求當然也會引起壓力反應：工作方面的最後期限、拽著你的衣袖不斷哭鬧的孩子，或者是當你得跟不怎麼來往的友人或親戚吃飯時。會帶給你心理、生理或情緒上的任何挑戰，都會引發壓力反應。

這時候交感神經系統就會製造各種壓力荷爾蒙，包含腎上腺素、正腎上腺素及腎上腺皮脂醇來促進身體付出額外的努力。如此一來，壓力反應會讓你更加警戒、激動，甚至躍躍欲試，因此可能會發現自己呼吸緊促、肌肉緊繃和心跳加速。

壓力反應理應會被另一種由副交感神經系統產生的反應而恢復平衡—放鬆反應。經過「戰鬥或逃跑」後，接下來得「休息並

消化」了。此時壓力荷爾蒙逐漸沉澱，緊繃的肌肉也放鬆了下來，呼吸變得沉穩，心理狀態從「警戒燈號」，逐漸轉為放鬆、冷靜。

當甲基化是有效進行時，你會同時得到促使這兩種反應的生化物質。白天時能整裝迎向挑戰，然後好好地讓自己享受平靜的夜晚，最後還能有個香甜的睡眠。你能戰戰兢兢地面對忙碌的週間工作，然後在週末時卸下壓力。你會有充沛的體力度過一整季，然後好好地讓自己放兩個禮拜的假。

然而，要是甲基化運作不順暢，你就無法同時擁有這兩種反應所需要的生化物質。你可能會備感壓力，所以容易發脾氣、心情也無法平靜下來，甚至覺得自己的活力就像已經見底的油箱了。心理狀態和生活情況當然也是關鍵因素，不過這種壓力困境絕大部分都是不良的甲基化所造成的。

7. 排毒

排毒是一種身體能力，能將可能有害的化學物質排出體外，包含工業化學物、重金屬和過量的荷爾蒙。你的身體絕對需要一定程度的荷爾蒙，但過量的荷爾蒙也不會帶來好處。

例如雌激素對男女性來說，都是非常重要的荷爾蒙。但如果身體系統無法正常代謝雌激素，女性會有經前症候群、經期問題、停經，甚至是卵巢癌，而且還會增加男性和女性罹患乳癌的風險。

為了清除體內的有害化學物和過剩的荷爾蒙，你需要進行適

當的甲基化。而甲基化也會影響製造穀胱甘肽（glutathione）的能力，這可是你體內的主要解毒劑。在前面第 1 章提到的，凱莉的症狀就是缺乏穀胱甘肽引起的，自從她促進了甲基化後，她的症狀也就消失了。

8. 平衡免疫系統

免疫系統專門抵禦被你的身體視為敵人的「入侵者」，包含某些細菌、病毒和其他會導致疾病的病原體，還有毒素、危險化學物質和有害食物。免疫反應不足時，便會容易導致疾病。然而，過度的免應反應不只會攻擊那些有害的入侵者，也同樣會攻擊體內的組織，反而造成如橋本氏甲狀腺炎、類風濕性關節炎、全身性紅斑性狼瘡等自體免疫系統疾病。

甲基化作用會幫助你的免疫系統找出絕佳平衡點，既不會太多、也不會太少，而是恰到好處。

9. 維持心血管功能

若甲基化過程發生故障時，可能會導致動脈粥狀硬化（動脈越來越硬）及高血壓，這些都會威脅心血管健康。過多及（或）慢性發炎反應（可能是不良甲基化早成的）也可能會導致心血管疾病。

10. 修復 DNA

DNA 裡的基因指令，是生命的生化密碼。交錯呈雙螺旋狀的

兩股 DNA 中，裡頭的分子序列都是獨一無二的，並指示你的細胞該怎麼做，才能維持生命又活得健康。

客廳裡的沙發因為太常使用了，所以會磨損地很快，DNA 也是一樣，體內的生化過程會不斷地損耗 DNA，加上平常也暴露在含有自由基、紫外線 B（UVB）及某些生化物質的環境中。

你得讓 DNA 維持在高峰時期，好讓 DNA 能對每個細胞下達最理想的指令。所以呢？甲基化是 DNA 修復的關鍵，並能在生成新細胞時，有助於防止發生異常 DNA 的情況。

哪些事會讓甲基化出錯？

我希望我已經明白解釋了，良好的甲基化是多麼地重要。所以，是哪些搗蛋鬼阻撓身體進行有效的甲基化呢？魔鬼就藏在細節裡：

1. 吃不好

當吃下的食物都不是身體所需的燃料時，自然就無法正常進行甲基化。首先，你需要的是蛋白質、維他命 B，以及甲基化過程會使用的其他各種營養素，來產生身體和大腦的細胞。

然而，只有這些原料是不夠的。待會在第 5 章節就會看到，甲基化是一種複雜的生化過程。而這些生化反應中有許多共同因子：也就是為了讓做出反應，身體所需的維他命或礦物質。

試著這樣想：沒錯，你得要有大塊的木頭，才能搭起營火。

但是，也需要營火柴、火種、紙團和許多火柴，否則光有木頭一點用都沒有。所以基本的營養素也一樣，共同因子就是引燃營火的其他關鍵材料。

2. 合成葉酸

維他命 B9 的自然型態稱為「天然葉酸」（folate）；而活性版本的葉酸，也就是人體可立即使用的葉酸，被稱為「甲基葉酸」（methylfolate），是甲基化的關鍵成分。如果甲基化發生任何問題，需要消耗大量的天然葉酸，即便無法進行有效的甲基化，還是能製造出所需的甲基葉酸。你可以食用綠葉蔬菜，來攝取天然葉酸，例如菠菜、芥菜、綠葉甘藍、蕪菁葉、蘿蔓萵苣。

人工型態的維他命 B9 又被稱為「合成葉酸」，維他命膠囊裡的就是這種葉酸，還是許多包裝食物會使用的添加劑。合成葉酸既是非天然的物質，因此得經過人體處理，轉變為活性且可使用的型態，才能為身體所用。

但是，因為合成葉酸長得很像天然葉酸，所以當合成葉酸進入葉酸受體，天然葉酸會被阻擋進入細胞。因此，如果吃下的食物含合成葉酸多過綠色蔬菜，甲基葉酸變得要奮力要進入細胞內，因為沒有足夠的甲基葉酸，身體就無法甲基化。然後，合成葉酸便成了甲基化的絆腳石。

了解這些道理有兩個很重要的原因。第一，許多醫生和其他醫療從業者都會開立合成葉酸，特別是給孕婦。不，住手。如果你需要額外補充葉酸，請服用天然葉酸。如果標籤上面寫的是

「合成葉酸」，請現在就放下它。

　　第二，許多傳統方式生產的食品都是添加葉酸來「優化」。在一九九八年時，美國食品藥物管理局曾經發布一項命令，要求廠商用這種方式「強化」下列食物，我認為這可說是近乎違法的無知行為：

- 麵包
- 玉米穀片
- 玉米粉
- 麵粉
- 義大利麵
- 米飯
- 其他穀類

　　如果你本身就能順利進行甲基化，只要別過度攝取那些的食物，身體也可自行化解這些合成葉酸帶來的害處。但如果擁有髒基因就可能無法順利甲基化，而且大量攝取合成葉酸只會讓情況更糟糕。合成葉酸是一種會阻礙甲基化的「維他命」。

3. 不正確的運動量

　　運動有益健康，對吧？因為運動有助甲基化。

　　位於瑞典斯德科爾摩的卡羅琳學院（Karolinska Institute）曾發表一項很有趣的研究。研究人員請年輕且健康的男女以普通的速度騎腳踏車，全程只能使用單腳騎車，另一隻腳則維持不動。

經過三個月後，他們分析了雙腳的 DNA，並發現肌肉細胞的基因體內，在超過五千個位置上出現新的甲基化模式，但這種變化只發生在有進行運動的那條腿上。

比起不運動，運動有益甲基化，但過度運動也不好。為什麼？因為過量的運動（運動時間太長或強度太高）會讓身體承受過度的壓力。

4. 睡不好

晚上睡不好覺，就無法正常進行甲基化。而當你無法順利進行甲基化時，就無法生成褪黑激素，這是一種可幫助入睡以及維持睡眠的天然生化物質。這是個惡性循環！你得藉由一些優質睡眠來打破它。

5. 壓力太大

承受壓力會加速消耗甲基。因此，為了製造更多甲基，你就需要更多的甲基供體（藉由攝取正確的食物及維他命）以及更多的能量。如果承受壓力的時間夠長，可能會耗盡甲基供體、能量，甚至兩者皆是。如此一來，既無法正常進行甲基化，健康也就每況愈下。

6. 接觸有害化學物

正如在第 1 章的凱莉，她發現接觸化學物會讓身體負荷過重。如果身體正承受著龐大的化學負擔，基因將會極力試圖對抗

這個重物，因此後果將甲基化來承擔。所以我得遺憾地說，這又是另一個惡性循環：

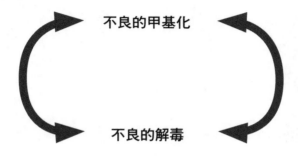

其他常見的甲基化絆腳石

■ 酒類。

■ 制酸劑。

■ 重金屬。

■ 傳染病。

■ 炎症。

■ 腸內酵母過度生長。

■ 氧化亞氮。

■（自由基引起的）氧化壓力。

■ 小腸細菌過度生長（SIBO）及其他腸道傳染病。

第3章 這樣做，關掉生病的基因

停不下來的海莉特

　　海莉特是位活力充沛的女性,她從孩童時期便是如此。她一旦開始一個計畫,就很討厭停下腳步。後來她進入法學院,經常到了凌晨還沒睡,她還想「再多讀一個案子」,或者「再看完一頁就好」,直到終於覺得自己可以闔上書本了。

　　即便海莉特已經闔上書本了,她仍舊無法放慢腳步。從她放下手邊工作到進入睡眠前,往往得花上兩三個小時,有時甚至要耗上四個小時。「我可以立刻開機上工,但就是無法迅速關機休息。」當我們討論海莉特的睡眠問題時,她是這樣告訴我的。「我本來就是這個樣子,但是最近更嚴重了。我是怎麼了嗎?」

脾氣暴躁的艾德瓦

　　艾德瓦多是這世上最親切的人了,但當他發火時,身邊的人可要當心了!艾爾瓦多是個四十來歲,個性非常緊繃的男性。他很認真看待生活,並努力經營自己的雜貨店生意。他要負責照顧自己年邁的雙親、三個孩子,還要看護行動不便的胞妹,因此也對自己的能力感到驕傲。艾德瓦多樂意照顧這麼多家人。然而,就連他也不敢恭維自己發脾氣的方式,就像他自己描述的:「不知不覺就從零度加熱到六十度。」

　　「我脾氣向來不好,」他告訴我。「但最近連一件雞毛蒜皮的事都能惹火我。今天一大早,我的兒子把果汁打翻了,明明只是件小事,他也已經去拿抹布要收拾。但當我意識到時,我已經對著他開口罵道,他應該更小心一點才對。我並不想這個樣子,

但我就是管不住自己。」

難以被感動的萊瑞莎

萊瑞莎是一間小型公司的行政經理，她已經做這份工作有二十年了。五十多歲的萊瑞莎很滿意她的工作、家庭和嗜好，包含週末照顧花草，以及與家人一起登山。萊瑞莎總是沉著且和善，這也是為什麼其他人總是喜歡找她商量事情。

「我對任何事情都難以感到激動，」她告訴我。「激動從來不是我的天性。」

但最近萊瑞莎實在太過於冷漠了，她發現自己對任何事情都無法有感動或興奮的感覺。「我先生提議家族旅遊，」她說。「但我就是沒動力，不想幫忙他規劃行程。工作上也是，我不想處理公事相關的問題。我覺得所有事情都既無趣又呆板。為什麼會這樣呢？」

海莉特、艾德瓦多及萊瑞莎正在面對的，是他們髒基因中好處和壞處。海莉特天生就有慢速的 COMT 基因，讓她隨時充滿活力和好心情，但也讓她非常難以關機。所以，海莉特得在其他的基因沒有問題時，髒基因才會得到必要的幫助，這樣她才懂得需要有合理的工作時間，在合理的時間上床睡覺。[1]

1　有時候同一個基因會有兩個不同類型的 SNP：一種是運作太緩慢，另一種是運作得太快，每一種類型的 SNP 都有各自的問題。COMT 基因和 MAOA 基因都屬此種類的基因。

但現在的海莉特，因為正在法學院念書而承受許多壓力。她既沒有吃得健康，也沒有適當運動，所以她的身體同時處於生理和心理的極大壓力，導致她所有的基因都被汙染了，導致原來的髒基因也比平時更加猖狂了。

艾德瓦多的 MTHFR 基因是天生就有問題。這個基因組成讓他擁有堅定的決心，以及滿載的動力，但一旦 MTHFR 基因在後天的環境繼續被汙染時，艾德瓦多就得對抗他一觸即發的怒氣和脾氣。

跟海莉特一樣，艾德瓦多最近也正面臨其他的壓力。他的女兒剛上中學一年級，學校生活並不是很順利，所以對家人說話口氣也比較不客氣。此外，艾德瓦多整個禮拜都在對抗感冒病毒，因此他的身體也正在承受不小的壓力。感冒加上心理壓力，只會惡化艾德瓦多的基因，使他的 MTHFR 基因製造出比平常更多的麻煩事。

相較於海莉特，萊瑞莎擁有的是快速的 COMT 基因。情況好時，這個基因組成會帶來大海般的平靜。然而，萊瑞莎正進入更年期，這對她來說是強烈的生理及情緒壓力來源，不只把她的乾淨基因汙染了，先天的髒基因也變得更加邪惡。這麼一來，她天生的冷靜特質便轉而沖淡了她的動力和衝勁。

你看出來了嗎？

當我們透過正確的飲食、運動、睡眠，加上遠離化學物及釋放壓力的幫助，就算天生的髒基因也可能變得較溫馴。

但是，當身體及（或）心靈承受壓力時，所有的基因都會被

汙染，天生髒的基因也要興風作浪。

好消息是，當除掉所有的髒汙後，你便能釋放基因的潛力。

這三名病人在得知基因的組成時，都覺得非常振奮。一如海莉特說的；「突然間，我終於明白了！」

其實海莉特難以關機、艾德瓦多容易失控發怒，以及萊瑞莎缺乏動力的背後，都有不可置否的生化原因。這些特徵皆是來自那些髒基因，因為沒有得到必要的協助，因而展現出更為頑劣的那一面。

對海莉特來說，慢速的 COMT 基因意味著，她的身體甲基化雌激素及多巴胺的速度相較緩慢，會增加甲基化這個荷爾蒙時的困難度，這也表示她體內有較高的雌激素含量。這樣的好處是：她擁有發亮的肌膚、優異的生育功能，以及降低更年期的不順。而缺點是：易有經前症候群，也比較容易罹患有關雌激素的癌症，包含卵巢癌和特定類型的乳癌。

海莉特的慢速 COMT 基因也會放慢甲基化多巴胺的速度。多巴胺是一種大腦化學物質，會讓人感到亢奮、熱情和充滿活力的感覺。由於海莉特體內有較高的多巴胺含量，她會展現出更強烈且更長時間的活力和熱情。這就像搭乘雲霄飛車或贏得大賽時，會讓人產生興奮感及亢奮感覺的生化物質就是多巴胺，所以你應能想像當海莉特擁有太多的多巴胺時，個性便會受到強烈熱情的影響。多巴胺也是在吸食古柯鹼時，會讓人產生快感的化學物質，這樣你就知道為什麼海莉特老是擁有源源不絕的活力，連關

機都得花上一段時間。

　　海莉特經常長時間埋頭苦幹，工作結束後才驚覺已經累過頭了。我告訴她，在某種程度上，她應坦然接受這就是屬於她的節奏。只要她能在繁重的工作及結束後的放鬆之間找到平衡，她就能好好發揮出天賦。

　　不過，她還是把自己逼得太緊，這麼做實在很危險。當海莉特是念研究所的同時也在工作，因此犧牲了睡眠時間，幾乎很少時間休息。不管是她是否原本就有髒基因，都需要正確的飲食、運動、睡眠，加上遠離毒素和釋放壓力的幫助。不然，最後都會讓海莉特徹底失去平衡，她會不斷地耗盡全力。另一方面，如果她的基因能全數清理乾淨，除了減輕 COMT 基因的負擔，還能逆轉這個基因帶給她的價值，而不是代價。

　　相同地，艾德瓦多很開心聽到，他的專注力、決心和脾氣都不是「毫無來由」，而是他基因遺傳的一部份。艾德瓦多的MTHFR 基因是天生的，這表示甲基化會帶給他某些特定的影響。因為良好的甲基化需仰賴天然葉酸，艾德瓦多需要攝取富含天然葉酸的食物，尤其在面對壓力的時候（不論是心理或生理壓力），艾德瓦多甚至得服用天然葉酸補充劑。這麼一來，他才能在保有決心和專注力的同時，不至於變得易怒。

　　聽完艾德瓦多分享了他的額外壓力來源，是因為感冒加上父女關係近來緊繃而造成的之後，我便向他解釋了壓力是如何攻擊他體內脆弱的甲基葉酸，以致於無法得到必要的甲基葉酸。缺乏甲基葉酸使他無法迅速降低體內多巴胺或正腎上腺素的含量，也

難怪他的脾氣總是一觸及發，怒氣也總是一發不可收拾。

　　跟海莉特一樣，艾德瓦多很開心得知這一切到底是怎麼發生的。我告訴他，他可以用新的方式來處理壓力，像是讓自己睡飽覺、跑步、給自己十五分鐘的「冷靜時間」來沉澱自己。只要特別注意飲食，搭配補充甲基葉酸，他就能安然度過那些充滿壓力的日子。因為當他承受壓力時，身體會更需要甲基化的幫忙！

　　艾德瓦多不只有容易發脾氣的問題，MTHFR 基因中的 SNP 還會帶來頭痛、自體免疫疾病和某些癌症。不過他現在已經擁有駕馭基因的利器了。

　　萊瑞莎的情況則是相反，海莉特的 COMT 基因是動作太慢，而萊瑞莎的 COMT 基因是速度太快了。萊瑞莎的快速 COMT 基因讓她比一般人更快將多巴胺和雌激素排出體外。因此，海莉特體內的多巴胺和雌激素含量比較高，而萊瑞莎則比較低。

　　萊瑞莎的基因組成讓她得以維持沉穩、平靜的性情，她也滿喜歡這個樣子的自己。但是，當她覺得自己實在太冷靜時，就表示有一些髒基因正在搗蛋，讓她快速 COMT 基因無法得到所需的幫助。

　　萊瑞莎五十歲出頭就進入更年期了，這段期間荷爾蒙的轉變會對多數女性帶來不小的壓力。而這些壓力讓萊瑞莎快速 COMT 基因，加快身體排除雌激素和多巴胺的速度。由於體內的雌激素含量異常低落，萊瑞莎的更年期症狀便趁機變本加厲，熱潮紅、失眠、性功能低落一一出現。加上過低的多巴胺，她變得較不積極，也沒什麼活力。

　　所幸「28 天基因修復療程」也能幫助到萊瑞莎。當我們修復完她所有的基因，並支援她的快速 COMT 基因後，她已經克服了這些症狀，並重拾自己對重視事物的熱情。

　　看到重點了嗎？

　　隨時修復所有基因。這是我們每天要完成的功課！

　　找出需要額外支援的天生髒基因，並提供它們需要的幫助。

第 2 部

定位生病的基因

第4章 檢測基因：哪些基因生病了？

目前還不知道哪些是先天遺傳或後天造成的基因。在責怪我們的基因之前，首先得檢視生活方式、飲食、營養、心智和室內外環境是否正在影響我們的基因運作。

那麼就開始吧。

基因檢測清單

這裡沒人會看到你的回答，只有你自己。所以請一定要誠實回答。這個測驗的目的，是找出哪些基因是被汙染的，好讓我們以有效的策略，做出更好的改變。

如果你也跟我一樣，第一個印象或許是「喔，我的情況簡直是一團亂！」請也像我一樣學會這麼做─化負面思考為更正面、準確的思考角度：「哇！原來我擁有如此深厚的潛力，我以前怎麼都沒發現呢！」

請勾選出下列情況，在過去六天內或日常生活中確實經常發生：

MTHFR 基因
□經常頭痛。
□運動時容易大量流汗。
□經常服用合成葉酸補充劑，以及（或）攝取富含合成葉酸的食物。
□我經常感到憂鬱。
□我經常手腳冰冷。

DAO 基因

☐ 吃完隔夜菜、柑橘或魚類後，經常會有以下一項或以上的症狀：易怒、
　冒汗、流鼻血、流鼻水，以及（或）頭痛。

☐ 對紅酒或酒類很敏感。

☐ 對許多食物敏感，或者有腸漏症。

☐ 比起用餐完的二十分鐘時的感受，通常要過兩三個小時後，我才會覺得
　比較舒服。

☐ 懷孕時的健康情況還比較好，也可以吃更多種類的食物。

慢速 COMT 基因

☐ 我經常頭痛。

☐ 經常難以入眠。

☐ 容易感到焦慮或暴躁。

☐ 容易有經前症候群。

☐ 我對痛覺比較敏感。

快速 COMT 基因

☐ 經常難以聚精會神。

☐ 容易上癮，例如：購物、賭博、抽菸、酒類、社群媒體。

☐ 容易沮喪。

☐ 時常沒什麼動力。

☐ 剛吃完一堆碳水化合物或澱粉後，我會感受到一股幸福感，但沮喪的感
　覺很快地又回頭來找我了。

慢速 MAOA 基因

☐ 容易有壓力、慌張或備感焦慮。

☐ 一旦感到壓力或暴躁後，就很難平復。

□喜歡起司、葡萄酒和（或）巧克力，但吃完後經常感到暴躁，或就是覺得「不太對勁」。

□經常苦於偏頭痛或頭痛。

□經常難以入眠，但入睡後往往能維持熟睡狀態。

快速 MAOA 基因

□經常順利入睡，但卻又比預期更早醒來。

□偏有沮喪感，而且缺乏渴望。

□巧克力通常能帶來好心情。

□容易對吸菸或酒類上癮（或過量吸菸或飲酒）。

□吃完碳水化合物後的心情雖然比較好，但也沒因此更加聚精會神。

GST／GPX 基因

□我呼吸空氣，也會喝白開水。

□對化學物品相當敏感。

□我有少年白。

□有慢性疾病，如氣喘、腸道炎症、自體免疫疾病、糖尿病、濕疹、乾癬。

□患有神經系統疾病，會導致痙攣、顫抖、癲癇或步態不穩等相關症狀。

NOS3 基因

□血壓值略高於標準（高於 120／80）。

□經常手腳冰冷。

□受傷或手術後，傷口通常癒合得慢。

□已確診患有第二型糖尿病。

□已經停經了。

PEMT 基因

□經常全身肌肉痠痛。

□經診斷患有脂肪肝。

□素食主義者／純素主義者，或者少吃牛肉、內臟類、魚子醬和蛋。

□有膽結石，或已經割除膽囊。

□經診斷患有小腸細菌過度生長（SIBO）。

我的成績單：

MTHFR 基因 ＿＿＿＿　　　　DAO 基因 ＿＿＿＿

慢速 COMT 基因 ＿＿＿＿　　快速 COMT 基因 ＿＿＿＿

慢速 MAOA 基因 ＿＿＿＿　　快速 MAOA 基因 ＿＿＿＿

GST／GPX 基因 ＿＿＿＿　　NOS3 基因 ＿＿＿＿

PEMT 基因 ＿＿＿＿

計分方式

依不同基因分開計分，每勾選一個問題則得到 1 分：

□0 分：太優秀了！這個基因應該非常乾淨，而且運作也非常得棒喔！

□1 分：也不錯喔！或許可以多注意一點，但除了這個基因，你的問題更
　　可能來自其他的基因。

□2 分：這個基因看起來有點髒了。所幸「基因修復療程」就是邁出淤泥
　　的第一步。重點修復其他的關鍵基因，也能促進發揮這個基因的功能。

□3 至 5 分：這個基因絕對是被弄髒了。接下來兩週將會是個好的開端。
　　不過得等到【基因檢測清單二】完成後，才能知道是否需要更關切這個
　　基因。

認識你的基因

接下來有七個章節，我將帶領你們認識這七大關鍵基因。

無論你在「基因檢測清單一」的分數，我都強烈建議你一定要閱讀每個章節。千萬別因為這個基因暫時好轉，就跳過相關的篇幅。

此外，現在乾淨的基因以後還是可能汙染。我希望加深你對這些基因的認識，每當有基因汙染了，你都能很快地找出來。這麼做除了能積極守護健康，更能時時讓你發揮這些基因的優勢。

MTHFR 基因：
體內兩百機能的推手

引起的病症：

- 阿茲海默症
- 氣喘
- 動脈粥狀硬化
- 自閉症
- 躁鬱症
- 膀胱癌
- 血栓
- 乳癌
- 化學物質過敏症
- 慢性疲勞症候群
- 唐氏症
- 癲癇
- 食道鱗狀上皮細胞癌
- 纖維肌痛症
- 胃癌
- 青光眼
- 心雜音
- 高血壓
- 腸躁症
- 白血病
- 男性不孕症
- 甲氨蝶呤中毒
- 無預兆偏頭痛
- 多發性硬化症

- 心肌梗塞
- 氮氧化物中毒
- 帕金森氏症
- 肺栓塞
- 思覺失調症（舊稱「精神分裂症」）
- 中風
- 甲狀腺癌
- 無法解釋的神經疾病
- 血管性認知障礙（亦稱血管性失智症）

妊娠及產後併發症

- 子宮頸上皮分化不良
- 流產
- 胎盤早剝
- 產後憂鬱症
- 子癲前症（亦稱妊娠毒血症）

先天缺陷

- 無腦畸形症
- 唇顎裂
- 先天性心臟病
- 尿道下裂
- 脊柱裂
- 舌繫帶

長期鬱鬱寡歡的亞絲敏

　　我有一位朋友名叫亞絲敏，她已經四十多歲了，過去一直深受憂鬱症所苦。即便沒有服用任何藥物，憂鬱症也無法澆熄她堅持做困難的事情。她是一名生物醫學技師，後來她嫁給一位很棒的先生，還生育了兩個好孩子。但每當我見到她，她總是看起來有點沉悶、提不起勁的樣子。

　　亞絲敏不是我的病人，但她對我的工作非常感興趣，尤其我告訴她我正在研究 MTHFR 基因，這種基因對生心理的健康有著非同小可的影響力。當我告訴她很多人都有這個基因的 SNP，我跟我的三個兒子也都有，她便決定請醫生只檢查這一個基因。果不我出料，她也有兩個 SNP。

　　因為亞絲敏的 MTHFR 基因已經出問題了，數百個身體機能已經無法確實完成甲基化。一如我們在第 2 章看到的，甲基化是維持身體健康的關鍵。而接下來，這個章節將告訴你甲基化循環（Methylation Cycle）的重要性。

　　那麼該怎麼辦呢？

　　首先，正如我告訴亞絲敏的，得大量攝取綠葉蔬菜。綠葉蔬菜就是富含甲基葉酸的食物，是推動甲基化循環的關鍵生化物質。然而，當葉酸代謝基因是髒的，就無法甲基化體內所需的葉酸，便無法促成順暢的甲基化循環。

　　所幸我們可以藉由攝取富含甲基葉酸的食物，來減輕葉酸代謝基因的負擔，進而促進甲基化循環。飲食理應能供應日常所需的所有營養素，但如果有基因被汙染時，更需要額外的幫助。亞

絲敏已經鬱鬱寡歡好一陣子了，她體內的甲基葉酸量可能非常低落。因此，我也建議她服用甲基葉酸補充劑來加速啟動修復。

甲基葉酸是非常有效的補充品，但一開始就補充大量的甲基葉酸，卻不一定能馬上見效。對某些人或許勉強還行得通，然而有些人反而會馬上出現相當困擾的徵狀。像是本來經常感到焦慮的人，會因為突然服用了大量甲基後，反而變得更加強烈的憤怒和衝動。一如我對我病人的建議，我請亞絲敏得循序漸進地補充甲基葉酸。

亞絲敏在家族旅遊的前一週開始服用補充劑，那次的家族旅遊是為了讓她多陪伴父母。

接下來發生的事，是透過她的母親打了通電話給我，她的父親也剛好在旁邊。

「你對我們的女兒做了什麼？」他們很想知道。「她是如此地快樂！她看起來非常享受她的人生。當你問她怎麼了，她會告訴你所有事情都很順利，而且她也很雀躍。這就是我們一直希望能看到的幸福的女兒。這是怎麼辦到的？」當亞絲敏來找我時，我也看出了差別。她還是那個安靜又體貼的好友，但更多了一些光芒。她不再給人乏味的感覺，而是多了活力和溫暖的氣息。

「我覺得自己活過來了，」她告訴我。「就一個補充劑而已，怎麼差這麼多？」

我告訴她，這不是我第一次遇見有這種反應的病患，更有數不清的醫生同事與我分享過類似的故事了。我也告訴她，或許她根本不需要服用補充劑，透過飲食也能獲得一樣的效果。

MTHFR 基因的小檔案

- 主要機能：進行甲基化循環，能將甲基提供給至少兩百個身體機能。
- MTHFR 的髒基因：會中斷整個甲基化循環，進而影響人體生成抗氧化物、腦化學、細胞修復、解毒、產生能量、基因表現、免疫反應、發炎等許多其他關鍵程序。
- 症狀：
  常見徵狀包含焦慮、腦霧、化學物質過敏、憂鬱、易怒、暴怒。
- 潛在優勢：
  有警覺心、降低結腸癌風險、專注力較高、優異的 DNA 修復力，以及高工作效率。

MTHFR 基因的體內運作

在所有的 SNP 中，MTHFR 基因可說是最常見的一種。現在的你已經完成了「基因檢測清單一」，所以應該已經知道 MTHFR 基因是否正在興風作浪。不過這裡還有其他方式，能徹查你的 MTHFR 基因是否為髒基因：

□我的甲狀腺機能低下。

□我的白血球數量在大部份的時候，都是低於正常範圍值。

□笑氣（一氧化二氮）會引起我強烈的副作用。

□我必須借助人工受孕或更積極的醫療介入方式，才能懷孕並達妊娠期滿。

□我有一名或以上的孩子是自閉兒。

□我有一名或以上的孩子是唐寶寶。

□跟其他的病患相比，我比較無法承受滅殺除癌錠（methotrexate）、服樂癌注射劑（5-fluorouracil）及苯妥英（phenytoin）等抗癌藥物。

□我會經痛，且有經血血塊。

□我體內的同半胱胺酸濃度往往較高，超過 12 µ mol/L。

□我體內的葉酸及（或）維他命 B12 濃度升高。

□我無法接觸到任何含酒精的東西。

□我沒有每天吃綠葉蔬菜。

□吃完綠葉蔬菜後，我明顯覺得好很多了。

當 MTHFR 基因被汙染，你會變得……

　　基於我的個人經驗，MTHFR 基因出問題時讓人有時憂鬱和沮喪，有時也會焦慮。沒錯，而且我們從來不知道接下來會是怎樣的心情，也不知道自己會這樣感覺。MTHFR 基因是會遺傳的，所以如果你們的這個基因是遺傳的，你和你的家人都會容易有情緒起伏。

　　不過，它也有優點。會帶給我們更高的專注力，專心致志完成數項工作。這可說是天賦，有時也會成為詛咒，因為對我們來

說，開機工作比關機休息簡單。

如果你的 MTHFR 基因是天生有問題，它可能擁有超過一百個 SNP。檢測公司通常只會檢查最常見的那幾個 SNP，所以檢查結果可能只會有一至四個 SNP，因此會測出這個基因機能數值大概介於 30%至 80%（我的結果也是偏低，只有 30%）。

但是，我得特別釐清這一點，就算你天生 MTHFR 機能只有 30%，你可能一點症狀都沒有。

為什麼沒有呢？

當你所有的基因都維持乾淨，就算生來就有髒基因也能製造少一些麻煩，甚至不來搗蛋了。

不相信嗎？有研究證實，許多義大利人都有一種 SNP，會將他們的 MTHFR 基因機能降低到剩 30%。但是多數的義大利人都不會額外補充維他命 B，更別遑論他們的女性懷孕時。特別的是，不是所有的義大利小孩生來有 MTHFR 基因都有缺陷。

為什麼？因為他們食用當地的綠葉蔬菜（飲食）、經常與家人及鄰居密切互動（紓壓）、加上居住在晴朗宜人的氣候區內（更能紓壓）。他們的食物都是未經工廠製造的，乳製品也不含荷爾蒙（不接觸有毒物質）。換句話說，他們的生活等同於本書的「28 天基因修復療程」基礎，都是能促進體內健康的甲基化的基本原則。他們就像《雙鼠記》的健康鼠，透過飲食和生活方式抵銷了基因的負面結果。

甲基化第一階段：開啟體內循環

　　我把 MTHFR 基因又稱為「甲基化的掌舵手」，是因為這個基因正是負責啟動甲基化的角色。正如在第 2 章提到的，人體體內有超過兩百個重要的機能，比如說肌膚修復、消化和排毒，都須依賴甲基化。換句話說，為了讓這些機能得以正常運作，就必須要獲得甲基。至於該從哪裡得到甲基呢？就是從甲基化循環中。既然甲基化循環是維護基因和身體健康的重要關鍵，我希望你們可以了解這個循環的運作方式。

　　想像那兩百個不同的身體機能或程序，就好比是你體內有兩百座，坐落在不同區域的花園。正如花園需要水來灌溉，那些身體程序也需要甲基。甲基化循環就像灌溉系統，從乾淨又清澈的湖泊汲水，並輸送到每一座花園。每當有任何東西塞住、中斷或汙染了這個灌溉系統，部份或所有的花園就無法得到足夠水源。由此可知，當你的甲基化循環被任何東西塞住、中斷或汙染時，你的部份或所有身體機能就無法獲得足夠的甲基，或無法正常地使用甲基。

　　此時你可以藉由以下兩個問題，來評估甲基化循環是否有效運行：

- 甲基是否有被運送給所有需要甲基的身體機能了？
- 當獲得足夠的甲基後，每項身體機能都能有效地使用甲基嗎？

　　化學物質、髒基因、缺乏重要營養素、腸漏、慢性感染病及壓力，都可能阻斷或者嚴重拖累甲基化循環。而本書將幫助你解決這些問題。

甲基化第二階段：平衡 SAMe 濃度

　　既然現在已經知道甲基化循環得有效運行，接下來我們該怎麼做呢？

　　正如前面提到的，關鍵就是將甲基送到有需要的機能那邊。由 MTHFR 基因負責將甲基加到葉酸上，然後甲基葉酸會與其他的生化物質產生交互作用，例如：同半胱胺酸（homocysteine）。來將同一群甲基傳送至對方身上。這種不斷將甲基傳送至另一個生化物質的過程，就像「傳遞水桶」般，將甲基從基因傳送至酶，然後傳送至生化物質。如同一桶裝滿甲基的水桶，正在甲基化循環裡一個接著一個地傳遞著。

　　最後，這桶水終於送到了 S-腺苷甲硫氨酸（S-adenosylmethionine）的手上，或簡稱為 SAMe（英文唸法為「Sammy」），由它負責將這些甲基送到有需要的身體機能或程序。SAMe 濃度太低或太高，都會嚴重影響重要的身體程序。所以，有正常濃度的 SAMe 才能維持平衡，而 MTHFR 基因正是這個平衡的重心。

　　當 SAMe 成功將甲基傳遞下去後，此時的生化物質就變成了同半胱胺酸，這也是甲基化的最終產物，但也是另一個開端：當身體健康且能妥善進行甲基化時，同半胱胺酸就會再次被挑出

來，加上甲基變成 SAMe，整個循環便又從頭開始進行。

不可或缺的維他命 B12

如前面看到的，天然葉酸／維他命 B9 和 MTHFR 基因是甲基化循環的關鍵。但它們都少不了另一種維他命 B 的幫忙，那就是維他命 B12。有了甲基葉酸加上 B12 的團隊合作，才能進行甲基化循環。所以只要有其中一方營養不足，甲基化循環就無法贏在起跑點，而那兩百個重要的身體程序也就無法得到所需的甲基。

甲基化第三階段：使用或排除新的化合物

當 SAMe 將甲基傳遞至需要它們的各種程序後，接下來呢？

甲基的加入改變了化合物結構，也產生了新的機能。有時候這種變化是為了讓身體能使用這些新的化合物，而有時是好讓身體能排除它們。

舉例說明如下：

作為使用的甲基化合物

- **磷脂醯膽鹼**：甲基化後的膽鹼，就變成了磷脂醯膽鹼，是促進生成細胞膜及其他各種身體機能的原料。

- **肌酸**：經甲基化後就變成了肌酸，對大腦和肌肉功能有著不容置喙的重要性。
- **褪黑激素**：血清素加上甲基後，變成了褪黑激素，是促進入睡的必要化合物。

將被排除的甲基化合物

- **砷**：甲基化後的砷就會失去活性，因此只要借助穀胱甘肽的幫助，就能將它排出體外。
- **組織胺**：組織胺是超強的免疫系統化合物，所以你只需要擁有正確的濃度。太濃的組織胺會讓你流鼻水或失眠，因此身體得藉由甲基化來排除組織胺。
- **雌激素**：甲基化前的雌激素不具活性，但身體能排除掉甲基化後的雌激素。所以甲基化能防止雌激素濃度過高，以免造成經前症候群、經期問題以及增加雌激素相關的罹癌風險。

這些都只是有關 SAMe 的關鍵生化反應的一部份罷了。

體內環境好，維持甲基化

當 SAMe 將甲基交出去後，就會變成嶄新且僅存在於體內的化學物質：同半胱胺酸（homocysteine，引起動脈血管硬化的無形殺手）。

想像這是一個餅乾麵團。等你將麵團桿成各種形狀的餅乾

後，剩下來的麵團就是同半胱胺酸，也就是完成所有重要甲基化後剩下來的餘料。

　　這時你的身體有兩種選擇，來處理剩餘的「麵團」：加入下一批的餅乾麵團，或是用在完全不同的地方。

　　1. 做成「更多餅乾」：同半胱胺酸經甲基化後，再次回到循環中。

　　2. 做成「完全不同的食物」：利用同半胱胺酸製造穀胱甘肽，能促進解毒的重要物質。

　　如果你的身體狀況很好，沒有太多的壓力時，因為所有事情都進行得很順利，所以同半胱胺酸就會直接回到甲基化循環中，製造更多的餅乾！

　　但如果體內的自由基和氧化壓力很高時，當你睡眠不足、感到壓力以及接觸許多毒素時，就會發生這種情況，此時身體就需要更多的穀胱甘肽，來促進身體清除它們。此時同半胱胺酸會離開甲基化循環，並開始製造穀胱甘肽。

　　這就是為何要保持健康的原因：寧可將餘料都送回到甲基化循環，好過把這些原料拿去生產更多的穀胱甘肽。「28 天基因修復療程」將幫助你做到這一點。

　　因為同半胱胺酸是甲基化循環的產物，有許多醫生相信測量體內的同半胱胺酸濃度，能準確地確認甲基化順利進行。

　　很抱歉，這可沒那麼簡單。

　　首先，多數醫師認為是「正常」的同半胱胺酸濃度，其實都

太高了。他們都認為濃度達 14 μ mol/L 以上才屬高濃度。但是就我看來，超過 7 μ mol/L 就算是高濃度了。所以如果醫生已經量測了你的同半胱胺酸濃度，為了方便自行判斷，你得拿到正確的數值才行。

另一方面來說，有時是同半胱胺酸濃度太低。如果你的同半胱胺酸濃度低於 7 μ mol/L，無論要進行甲基化循環或製造穀胱甘肽，同半胱胺酸都不足。然而，實驗室並不會告訴你這個消息，當你拿到一個較低的數值時，他們只會告訴你濃度沒有「太高」，意指一切無礙！

最後，同半胱胺酸濃度太高的原因有很多種，不只是因為不良的甲基化。而且你可能同半胱胺酸濃度正常，但仍有不良的甲基化情況。

這也就是說，不能讓同半胱胺酸濃度超過 7 μ mol/L，因為過量的同半胱胺酸會堵塞甲基化循環。同半胱胺酸的濃度越高，循環堵塞的情況也就越嚴重，就可能導致心血管疾病、神經系統失調、癌症、憂鬱症、焦慮症、神經管缺陷、先天性心臟病、唇顎裂、不孕症等等問題，都是源自甲基化循環不暢通。

還記得我曾說過，即便有甲基可供使用，有時候卻會因此堵住甲基化循環嗎？

這邊有一個很好的例子。如果醫生開了甲基化補充劑，來降低你的同半胱胺酸濃度，但是濃度卻未見減低的跡象，這就表示甲基化循環已經堵塞了，因此這些甲基根本無法為循環所用。有下列幾種原因會造成循環堵塞：

■ 其他的髒基因。

■ 炎症。

■ 氧化壓力（自由基）。

■ 重金屬。

■ 合成葉酸。

■ 酵母菌過度生長。

■ 小腸細菌過度生長。

■ 傳染病。

■ 缺乏必須營養素。

　　好在「28 天基因修復療程」能清除這些阻礙，確保你能獲得足夠的甲基，同時讓你能有效地使用它們。

　　我要說的是：如果醫生要檢查同半胱胺酸濃度，來評估你的心血管風險，那當然沒問題。但如果醫生這麼做的目的是為了檢查甲基化，那麼用其他的檢測方式會更好。

做哪些事會汙染 MTHFR 基因？

■ 缺乏甲基化過後的維他命 B9、維他命 B12 或維他命 B2。

■ 接觸工業化學品。

■ 心理壓力。

■ 生理壓力。

■ 甲狀腺機能不足。

關 **（riboflavin）**

核黃素，又 B2，是影響 MTHFR 基因機能的關鍵營
養素。少了它，MTHFR 基因便無法正常運作。此外，當
MTHFR 基因汙染時，甚至需要比正常情況時更多的核黃素。
長話短說，要確保從飲食中獲得足夠的核黃素，比如菠菜、
杏仁及肝臟類等食物。否則，MTHFR 基因就無法啟動甲基
化循環，進而影響你的整體健康。

修復 MTHFR 基因的營養素

為了讓 MTHFR 基因和甲基化循環能正常運作，以下是你需
要的關鍵營養素：

核黃素／維他命 B2：肝臟類、羊肉、菇類、菠菜、野生鮭
魚、蛋。

天然葉酸／維他命 B9：綠葉蔬菜、豆類、碗豆、扁豆、南瓜。

鈷胺素／維他命 B12：紅肉、鮭魚、蛤蜊、淡菜、螃蟹、蛋

（吃素及純素食者必須額外補充）。

蛋白質：動物性蛋白質包含牛肉、羊肉、魚肉、家禽肉、蛋及奶製品、素食及純素食者則可透過攝取豆類、碗豆、扁豆、花椰菜、堅果及種子類來攝取植物性蛋白。

鎂：深綠葉蔬菜、堅果、種子類、魚類、豆類、酪梨及全穀糧。

維他命 B12 不足的原因：

- 吃（純）素。
- 雜食但肉類、家禽肉、蛋及魚類攝取不足。
- 高壓環境。
- 服用制酸劑。
- 幽門螺旋桿菌。
- 惡性貧血。

實際案例：改善甲基化，改善高功能自閉問題

我的兒子是高功能自閉兒，過去的他總是滿腔的怒火，我原本以為情況再這麼惡化下去，有一天我得去監獄探視他。當他快滿二十歲時，他曾試著要自殺，而且有憂鬱症，到了夜晚病況又更為嚴重。

那時候精神病醫生剛好為他做基因檢測，我才知道我的孩子

有 MTHFR 基因的 SNP。接著我在網路找到林區醫生的療程，便開始執行，這個療程對我孩子帶來了多明顯的改變，而且是立即的改善。後來他每天都有洗澡，持續六十天，他也比較少生氣，而且也沒有發生憂鬱或自殺的情況了。每當我說「該關掉 Xbox 遊戲機」，他就會回我「好的，媽」。他很快樂，我現在可以預見他未來獨立的樣子。他不再因為自己的暴力或害怕的模樣，而感到憤怒。這就像奇蹟一樣。

我必須說，在這之前我對基因檢測或 SNP 一無所知，所以我本身不是對此狂熱的人。我只是一個平凡的母親，偶然得知我孩子的問題可以從基因的角度著手，雖然負責檢測基因的醫師也不知道 MTHFR 基因。我所做的就是依照你網站上的療程。在開始進行這個療程前，我的孩子已經去過學區內的每間學校。現在他上的私立學校，已經是學區內最後一間願意接納他的學校了，而且如果發生什麼問題，學區已經告訴學校得立即報警。我們當時已經處於崩潰邊緣。然後就遇見了您，接下來呢！哇！七個月過去了，他的表現是如此地好！這真是個不可思議的轉變。

我還有一名女兒，目前正在護校上學，她的 COMT 基因和 MAOA 基因都是有問題的。我們一發現後，馬上就從她的 SAMe 著手，結果顯著又立即，她的心情變得愉悅又快樂，完全是不同的女孩子了。她自己也很驚訝。

雖然您從未見我的孩子，但您已經徹底影響了他們的一生。謝謝您。

強效營養補充品——甲基葉

有些人誤以為甲基葉酸越多越好，使

「生病要吃藥」是普遍認知的觀念，

要表達的意思。透過飲食和生活方式補充 到相

同的成果。而且就算你需要服用甲基葉酸（ 意思是，即使透

過飲食和生活方式依舊無法修復你的 MTHFR 基因時），光補充

營養素也沒效，甚至有負面效果，原因有很多種。

甲基化循環捷徑——「膽鹼」

倘若身體得不到足夠的甲基葉酸或甲基鈷胺素（甲基化後的

維他命 B9 和維他命 B12），就無法完成甲基化循環，而當身體察

覺出現問題時，就會採取被我稱為「膽鹼捷徑」的方式。擁有頑

劣 MTHFR 基因的人，體內通常有這條捷徑，因為這是製造甲基

葉酸的最快方式。

就像甲基化循環一樣，這條捷徑會甲基化同半胱胺酸，但不

是透過維他命 B 來完成任務，而是利用膽鹼。

雖然膽鹼捷徑短時間內或許奏效，但你不能一直依賴它。因

為這是一條緊急快速道路，藉此讓身體保護你的肝腎。反觀你的

甲基化作用，才是支持所有器官和組織的主要幹道，包含你的大

腦、眼睛、子宮（和胎盤）、睪丸、肌膚和腸道等族繁不及備

載。這條僻徑根本不足以應付它們。

從飲食中獲得足夠的膽鹼是非常重要的,而更重要的是,你得先幫助你的甲基化循環。

如何幫助 MTHFR 基因發揮功用？

如果你認為自己的 MTHFR 基因先天出問題,這裡有幾個建議可以幫助開始進行療程。你也可以自行開始接下來的建議方法,甚至不需要等到開始療程再做:

- **別讓情緒主宰生活**:比方你今天覺得憂鬱,但隔天卻感到焦慮,認知到自己多變的性格更能有助接納這樣的自己。我們的目標是讓你在更多的時候,能擁有優秀的專注力和生產力。
- **合成葉酸是大敵**:補充劑、能量棒、食物、飲料等。現在快把這些敵軍從生活中擊退。
- **過濾飲用水**:除去飲水中的砷、氯及其他多餘的化學物質。
- **綠葉蔬菜是關鍵**:你得多吃且更常吃綠葉蔬菜。
- **攝取維他命 B12**:攝取足夠的(僅以牧草養牧的)牛肉、羊肉、蛋、蟹類、蚌類和紅肉魚。如果你是吃素或純素則需參考「28 天基因修復療程」內,該如何確實從飲食中取得足夠的膽鹼以及(或)甲基化後的維他命 B12 的相關內容。
- **避開牛乳製品**:在多數情況中,乳製品過敏及(或)敏感會產生的抗體,進而堵塞葉酸受體。等你完成修復基因並修復消化道後,你吃羊奶和羊奶製品通常都沒問題,牛奶製品也

可能沒事。

如果你有做過血清葉酸測定

血清葉酸測定實際上包含了人工合成葉酸，加上天然葉酸，而測定結果不會告訴你哪種葉酸的濃度是多少。

如果你有服用任何形式的合成葉酸補充劑，或者你的食物中含有過量的合成葉酸（請參考第 2 章有關「富含」合成葉酸的食品一覽表），請忽視所有測定出的「血清葉酸」數字。只有當你完全沒有服用合成葉酸時，這些實驗室的數字才是有意義的。

COMT 基因：處理思考與情緒

第6章

引起的病症：

慢速 COMT 基因

- 急性冠心症
- 注意力缺失及過動症 ✓
- 焦慮症 ✓
- 躁鬱症——特別是躁症 ✓
- 乳癌 ✓
- 子宮肌瘤 ✓
- 纖維肌痛
- 恐慌症（好發於女性）
- 帕金森氏症 ✓
- 經前症候群
- 子癲前症
- 精神分裂症 ✓
- 壓力性心肌病變
- 壓力型高血壓 ✓
- 子宮癌 ✓

快速 COMT 基因

- 注意力不足／過動症（漫不經心、一心多用，且無法聚集注意力）✓
- 成癮症：無論是對毒品、酒精、賭博、購物或電玩 ✓
- 憂鬱症 ✓
- 學習障礙 ✓

承受高壓又易焦慮的瑪戈

當我第一次見到瑪戈，她那朝氣蓬勃的個性渲染了整個諮詢室。她衝著我熱情地笑著，但是她看上去既疲憊又憔悴，與她三十幾歲的年紀不符。接著她開始淘淘不絕地說著那一大串的症狀，我馬上就明白原因了。

她有睡眠問題。咖啡因讓她容易發脾氣和焦慮，但後來就算不喝咖啡，易怒和焦慮已根深蒂固在她性格裡。月經前一天，她都會有強烈的頭痛。她在一個工作高壓的環境，可是她還是很愛自己的工作，然而每週結束後她總是感到精疲力盡。她說：「如果沒有週末讓我恢復元氣，我哪能展開新的一週。我愛週末。」

我從瑪戈的個性以及她對自己的評估，她完全符合「慢速」COMT 基因 SNP 的特徵，所以看到她後來帶過來的檢測報告，我一點也不訝異。我跟她說明這個髒基因有著以下的優缺點：

優點

- 與生俱來的熱情和元氣。
- 無私且慷慨。
- 較有活力及生產力。
- 較能長時間維持專注力。

缺點

- 難以關機。
- 較難以入眠。
- 過度專注於工作。
- 雌激素代謝速度較慢（造成婦科問題）。

無憂無慮卻不太能專注的布雷克

接在瑪戈的是布雷克。他幾乎就像是瑪戈的相反對照。布雷克是個無憂無慮且年近三十的年輕人，他是那種完全一派輕鬆的個性。他睡得很沉，但即使如此，隔天醒來還是常常沒精神。他很愛喝咖啡，一天要喝好幾杯，來提振精神。他的興趣廣泛，民族音樂、日本文學、外國的爬蟲類動物、騎馬，但他總是無法把注意力放在同一件事情上太久。雖然他認真答應過友人和女朋友，但他告訴我要準時赴會真的很難，甚至有時候還忘個精光。「有事情突然耽擱了，」他聳聳肩解釋，「所以我才抽不了身」。

如果瑪戈符合慢速 COMT 基因的特徵，布雷克便是擁有快速 COMT 基因的典型代表。所以髒基因也一樣帶給布雷克優缺點：

優點

- 天生沉著且較能放鬆下來，亦較能忍受壓力。
- 無所求的隨緣個性。
- 注意力較分散，也擁有較廣泛的興趣。
- 能睡得比較好。

缺點

- 難以提高精神。
- 難以心無旁鶩且容易分心。
- 記憶力較差。
- 憂鬱傾向。

　　瑪戈和布雷克的 COMT 基因都出問題。瑪戈是因為這個髒基因運作得太慢，而布雷克卻是因為運作得太快了，讓他們對生化物質產生了完全不同的反應。

COMT 基因的小檔案

■ COMT 基因的主要機能

COMT 基因會影響代謝雌激素、兒茶酚，以及多巴胺、正腎上腺素和腎上腺素等壓力性神經傳導物質。

■ COMT 髒基因的影響

慢速 COMT 基因：會無法排空體內的兒茶酚、雌激素、多巴胺、正腎上腺素及腎上腺素，當這些化合物滯留的時間越長，就會增加對生理及心理健康的影響。

快速 COMT 基因：太有效率地排空體內的兒茶酚、雌激素、多巴胺、正腎上腺素及腎上腺素。由於這些化合物會更快地被排出體外，因而對生理及心理健康帶來不同的影響。

■ COMT 髒基因的症狀

慢速 COMT 基因：常見的個性包含精力充沛、自信、有元氣、熱情、較強的性功能、雌激素問題（經前症候群、經期問題、子宮肌瘤以及女性癌症風險增加）、不耐煩、不耐疼痛、睡眠困難、難以放鬆或關機、工作狂，以及對咖啡因、巧克力及綠茶較敏感。

快速 COMT 基因：常見的個性包含過於冷靜、好脾氣、沒什麼睡眠問題、較能有效地做出壓力反應、較耐疼痛、難以完成工作、較難專心、健忘、缺乏自信或樂觀、較沒元氣、容易有停經（前）問題，以及較依賴咖啡因、巧克力及綠茶。

■ **COMT 髒基因的潛在優勢**

慢速 COMT 基因：較有活力、熱情、元氣、專注、慷慨和生產力。

快速 COMT 基因：具備得以放鬆、接納他人、較遼闊的注意力、保持冷靜、較能忍受疼痛、充分睡眠和廣泛興趣的能力。

COMT 基因的體內運作

　　COMT 基因會影響你代謝兒茶酚、雌激素及某些主要的神經傳導物質：多巴胺、正腎上腺素及腎上腺素。兒茶酚是一種物質，存在於綠茶、紅茶、咖啡、巧克力和一些辛香料植物中，如薄荷、香芹和百里香，以及兒茶素、綠咖啡豆萃取物及槲皮素（quercetin）等添加劑。而神經傳導物質即是腦內的生化物質，能讓我們處理思考及情緒。那些接下來讓我們來看看這三種關鍵的神經傳導物質。

1. 讓人興奮的多巴胺

多巴胺能使人產生興奮、激動及不確定感。大量的多巴胺是很棒的事情，因為多巴胺能使人感覺好極了！如果要我說，陷入愛河會伴隨著多巴胺的湧現，就能想像它是多麼美妙的感受。當你在賭博、搭雲霄飛車，或準備迎接一個巨大的挑戰時，那些具賭注性質的活動，體內的多巴胺濃度也會相當高。

同樣地，多巴胺也跟成癮有關。因為服用特定藥物會促進分泌大量的多巴胺，帶給人無比的愉悅感，因此會讓人反覆地服用藥物，就為了再次重溫那種感受。這種催生多巴胺以及渴望重溫感受的機制，在專業領域中又被稱為「獎賞系統」。而多巴胺就是你獲得的的最終獎賞，會讓你感到如此美妙，你會願意做任何事情，只為了再次重溫一次這種感受。

2. 能調整壓力的正腎上腺素及腎上腺素

正腎上腺素及腎上腺素都是和有關壓力的兩大神經傳導物質，能讓你打起精神迎接強大的挑戰。假設你是急診室的醫生、護士或醫護人員，值班時你會得反覆地分泌正腎上腺素及腎上腺素，才能立刻起身因應每個被推進門來的病患。

你的身體會產生壓力反應來面對新挑戰，也會產生放鬆反應來讓自己休息、修復及恢復。這兩種反應理應維持平衡，好讓你能迅速面對艱鉅挑戰，然後能藉由平靜的用餐和睡眠時間恢復精神。要能迅速迎接挑戰，基本上有賴於身體能多快產生正腎上腺素和腎上腺素，並傳遞至體內系統中。而要能讓自己停下腳步，

得仰賴身體能多快將那些生化物質排出體外，好讓你可以放鬆並重新出發。

　　瑪戈的慢速 COMT 基因是以相當慢的速度，清除體內兒茶酚、雌激素、多巴胺、正腎上腺素及腎上腺素，致使這些化合物濃度太高。過量的雌激素雖然讓瑪戈有光滑的肌膚和不錯的性功能，然而也造成了強烈的經前症候群，同時增加罹患乳癌和卵巢頸的風險。過量的神經傳導物質則產生了源源不絕的活力、熱情和動力，讓她渾身散發出自信和樂觀。然而，這卻也讓她難以卸下工作、休息及好好睡個覺。如果她還攝取咖啡因，就會更難冷靜下來，因為 COMT 基因將難以代謝掉這種興奮物質。

　　我半開玩笑地告訴瑪戈：「大部份的時候，妳就是個女超人。妳有著用之不竭的活力、動力和專注力……」

　　瑪戈笑了並接著說：「但每個月就那一次，當心了。」事實上，瑪戈發現自己容易發脾氣，連說話也是嘴上不饒人，這一切都是因為雌激素和神經傳導物質濃度超標了。

　　布雷克正好相反，以致體內的化合物濃度往往太低。同時，壓力性神經傳導物質讓布雷克，總能維持令人稱羨的沉著及內斂個性，容易甩開擾人的不快。布雷克不太會煩心什麼事情，他總是傾向接納、調整及妥協。

　　相反地，他經常無法聚精會神，或是得加倍努力把事情完成。他也不介意你晚一個小時才現身，甚至連他也不在意自己遲到。加上他的多巴胺濃度也往往偏低，他總是缺乏活力和自信心。

　　「我盡力了，」他告訴我，「但我不怎麼期待成果。雖然咖啡因和巧克力能激發我的動力，這些食物確實有幫助，但續航力不怎麼樣。」

　　由此可看到，兩種 COMT 基因各有不同的優缺點，也都威脅了你的健康。我們的目標也一如過往地要支持優點，同時將缺點化為最小。

認識 COMT 髒基因

　　因為已經完成了【基因檢測清單一】，現在你已經確認 COMT 基因是否正常。但為了幫助你更加全面地了解自己，以下是與慢速和快速 COMT 基因有關的一些特質。有哪些是符合你的情況嗎？

1. 慢速 COMT 基因

　　□ 總是能長時間專注及學習。
　　□ 喜歡旅遊和探索新事物。
　　□ 傾向奮力工作。
　　□ 面對壓力時，需要較長的時間才能冷靜下來。
　　□ 完全投入工作中，直到受不了時才放長假充電。
　　□ 很容易感覺焦慮及恐慌。
　　□ 咖啡因會增加壓力。
　　□ 容易不耐煩，經常一起床就心情不好。
　　□ 有強壯的骨骼。

□ 得花一段時間才能入睡。

□ 別人常常稱讚肌膚非常光滑。

□ 初經來得偏早。

□ 通常會有經前症候群。

□ 經期時經血量多（屬月經過多的類型）。

□（曾）有子宮肌瘤。

□ 跟其他人比起來，對疼痛的感受比較敏感。

□ 吃高蛋白的食物會變得更不耐煩。

□ 興奮劑如利他能、阿得拉、二甲磺酸賴右苯丙胺（Vyvanse）及右哌甲酯（Focalin）對中樞神經系統的效果不彰。

□ 興奮劑如胍法辛（Intuniv）對中樞神經系統有明顯的放鬆效果。

2. 快速 COMT 基因

□ 難以專心，典型的過動兒。

□ 傾向隨遇而安。

□ 不是工作狂。

□ 面對壓力時，很快就能恢復並繼續前進。

□ 能很快地入睡。

□ 咖啡呢？需要來一杯！

□ 吃高蛋白的食物能感覺不錯。

□ 對事情的反應傾向沮喪更勝於熱情，而且多年來都是如此。

□ 對事情總是不會特別興奮。

□ 初經來得較晚。

□ 沒有經前症候群。

□ 經期時（曾經）經血量少。

□ 骨骼比較脆弱。

□比其他人更能忍痛。
□興奮劑如利他能、阿得拉、二甲磺酸賴右苯丙胺及右哌甲酯對我的中樞神經系統的效果不錯。
□興奮劑如胍法辛對我的中樞神經系統的效果不明顯。

甲基化循環與 COMT 基因

你已經相當清楚甲基化循環的重要性，正如第 5 章看到的，甲基將藉由循環中的 SAMe 傳送至兩百個不同的身體程序。

當其中之一的甲基進入酶後，便會產生 COMT 基因，也就是 COMT 酶。此時有兩種程序應發生：

一、雌激素被甲基化，接著排出體外。如果你清除它的效率太迅速，會使你體內的雌激素濃度過低，因此便會發生快速 COMT 基因的情況。另一方面，雌激素也不能滯留在體內太久，造成你的雌激素濃度太高，就會發生慢速 COMT 基因的情況。你的目標便是找出排除雌激素的「黃金速度」：不快也不慢的剛好速度。

二、壓力性神經傳導物質被甲基化。

■ 多巴胺經過甲基化後，變成了正腎上腺素。

■ 正腎上腺素經過甲基化後，變成了腎上腺素。

■ 經甲基化後的腎上腺素可藉由另一組酶排出體外。

多巴胺、正腎上腺素、腎上腺素等所有的壓力性神經傳導物

質，讓人保持警覺心及專注力，迅速採取行動。壓力反應使人呼吸加快、繃緊肌肉，讓心思變得更加敏銳。同時，也會增加消化不良、性趣缺缺、難以受孕或入睡等障礙。

另一方面，放鬆反應理應能抵銷那些影響，會使人呼吸速度放緩、肌肉放鬆，以利消化食物、有助進行性行為、受孕及睡覺。所以也有人稱那整個過程是：先「戰鬥或逃跑」，然後「休息與消化」。

所以這一次你得找出快樂的平衡點。再者，你要在白天工作時，讓那些神經傳導物質維持較高的濃度，得以聚精會神迎接挑戰。接著隨著時間進入傍晚，準備休息和睡覺時，濃度也能漸漸下降。在理想的情況下，那些生化物的濃度在用餐時間也會下降，好讓身體能確實消化食物。

倘若 COMT 基因運作得太慢了，體內的壓力性神經傳導物質就會滯留在體內，那麼你就會老是覺得緊繃。相反地，倘若 COMT 基因運作得太快，加速化合物排出體外的速度，因此你會難以累積足夠的「壓力」，保持專注並激勵自己追求完美。

當身體無法有效進行甲基化時，身體將會缺乏足夠的 SAMe，或無法徹底利用 SAMe。無論發生哪一種情況，都會使 COMT 基因無法發揮出最佳實力：

- 當你有慢速的 COMT 基因時，SAMe 的運作也會變得更慢，因此那些壓力性神經傳導物質和雌激素停留在體內的時間就會更久。當基因的缺點變得越大時，優點就會越來越小。
- 當你有快速的 COMT 基因時，低濃度的 SAMe 一開始還對心

情和專注力有益。你會想：「哇，我以前都沒什麼精神，但現在我已經完成了這麼多工作了。」一段時間後，因為 SAMe 不足的影響，原本的快速 COMT 基因可能會開始像慢速 COMT 基因一樣，原本壓力性神經傳導物質會太快排出體外，但現在那些化合物停留得太久，壓力會讓你感到太過興奮、不耐煩，甚至接近崩潰邊緣。

正如你看到的，COMT 基因也需要平衡策略。無論你天生擁有的是哪種 COMT 基因，你都需要藉由甲基化，讓這個基因維持黃金狀態：非快也不慢，剛剛好的樣子。

我有一名病人是位非常成功的鋼琴演奏家，她以前會服用 SAMe 來幫助入睡。因為她有慢速 COMT 基因，增加甲基化有助身體將壓力性神經傳導物質排出體外。但即便沒有面對壓力的時候，她也服用了 SAMe，結果讓自己變得疲憊又沮喪，而且還成天哭泣。正是那些 SAMe 加速了她的甲基化，使太多的壓力性神經傳導物質被排出體外了！

我的另一個病人則是讓她「有行為問題」的孩子服用一些 SAMe，結果他的問題更嚴重了。後來她讓她的兒子接受療程後，他才冷靜下來，變得更合群，這只是因為他現在吃得好也睡得飽，並讓身體得到適當的運動，同時遠離電玩遊戲、甜食和化學物等會弄髒基因的東西。她終於能透過持續執行的飲食和生活方式，幫助孩子發揮出最棒的自己。

你已經了解了。請別直接跑去藥局買補充品。把車鑰匙放

下，先完成「基因修復療程」的第一階段。在「重點式修復」時，你就會知道是否需要補充營養。

做哪些事會汙染 COMT 基因？

慢速 COMT 基因

■ 缺乏 SAMe。

■ 同半胱胺酸濃度太低。

■ 食用過量茶類、咖啡及（或）巧克力。

■ 壓力太大，致使身體不斷累積壓力性神經傳導物質。

■ 過重或高動物性蛋白飲食，都會致使身體不斷累積雌激素。

■ 過度接觸塑膠、個人保健食品或家庭及園藝產品內含的環境雌激素，同樣會使雌激素不斷堆積。

快速 COMT 基因

■ SAMe 濃度太高。

慢速及快速 COMT 基因

■ 同半胱胺酸濃度增加。

■ 缺乏關鍵營養素，尤其是天然葉酸／維他命 B9、維他命 B12 及鎂等，對甲基化和 COMT 基因都非常重要。

■ 天生潔淨但後天弄髒的 MTHFR 基因，或者得不到足夠幫助的天生髒的 MTHFR 基因。

請找到自己的多巴胺平衡

COMT 基因的任務之一就是甲基化多巴胺，並轉換為正腎上腺素。如果 COMT 基因被汙染了，體內的多巴胺就會轉變為多巴胺醌（dopamine quinone）的型態，是一種對腦部有害的物質。多巴胺醌和治療帕金森氏症和注意力不足過動症的藥物有關，也會造就這兩種疾病，所以你必須更加注意。

演員能在鏡頭前表演得很棒，是因為他們體內擁有適量的多巴胺，促使他們做好表演工作。但是當表演現場有觀眾時，壓力來了！此時他們的多巴胺濃度馬上就衝破表了。因為體內湧現了大量的多巴胺，他們變得僵硬、怯場，甚至會因為禁不住壓力而忘詞了。這種差別在於搭雲霄飛車是為了找樂子，而此時的自己就是搭著車子要下山，但剎車卻失靈了。

每個人都是獨一無二的，因此每個人理想的多巴胺濃度也不一樣。如果我試著擁有跟瑪戈一樣的多巴胺濃度，我可能會操過頭。如果她試著用我的多巴胺濃度，她也會感到厭世。然而，多巴胺也會讓瑪戈操垮了自己。因此，身為擁有「慢速 COMT 基因」的瑪戈，我給她的其中一項任務就就學習有足夠的休息及釋放壓力，好讓她將多巴胺濃度維持在自己足以應付的範圍內。

同樣地，對周遭事物保持冷靜、鎮定的態度，確實是布雷克的優勢，這也是因為他的快速 COMT 基因使然，天生就有較低濃度的多巴胺。但倘若他體內的多巴胺濃度太低，他就會變得漫不經心、缺乏動力及健忘，所以他得想法子讓自己動起來。

　　布雷克和瑪戈都需要找出最適合他們的基因組合、個性和健康的平衡點，來刺激及放鬆自己。你也需要這麼做，我們所有人也都是。每個人可能有不一樣的正確平衡點，所以我們需要找到屬於自己的平衡。

促進多巴胺，加劇帕金森氏症

　　左旋多巴是一種能促進分泌多巴胺的藥物，是帕金森氏病患的常用藥物之一。這似乎是合理的療法，因為帕金森氏症跟多巴胺低下是有關連的。

　　正如我們先前看到的，補充營養素也會造成問題。雖然左旋多巴可以提高體內的多巴胺濃度，但同時也會帶給 COMT 基因龐大的壓力，進而增加了多巴胺醌……結果加劇了帕金森氏症。

注意力不足過動症，該用藥嗎？

　　如果你的孩子有注意力不足過動症，醫生可能會要他服用甲基芬尼特（methylphenidate），最常見的販售藥名是利他能，用來增加體內的多巴胺濃度。快速 COMT 基因會導致多巴胺濃度低下，因此導致注意力不足和缺乏動力。所以促進分泌多巴胺有時的確有所幫助。

　　此外，擁有快速 COMT 基因的孩子可能會因為服用額外的藥物，而產生更多的問題。舉例來說，甲基芬尼特可以將快速 COMT 基因，轉變為慢速 COMT 基因，因此孩子反而得面臨那些

症狀，而這還不是最糟的情況。更嚴重的是，甲基芬尼特不只會促進分泌多巴胺，也會增加體內的多巴胺醌濃度，正如我們之前看到的，這種物質會傷害腦部，也會引發帕金森氏症和其他神經系統失調，是完全不成正比的高風險。

倘若如今已經是成年人的你，認為阿得拉（也被稱為是成年版的利他能）可以幫助你增加注意力及面對壓力呢？

基本上，阿得拉就是安非他命，會促進分泌更多的多巴胺和正腎上腺素給腦部使用。問題是，如果你太常服用它，反而會降低腦內的多巴胺濃度，等著下一次阿得拉再次激起火花。如此一來，伴隨著日漸耗竭的多巴胺，安非他命也會造成身體細胞死亡。還有，沒錯，阿得拉也會產生多巴胺醌。

偶而使用阿得拉可以有效拉高體內的多巴胺濃度，然而，要是你更頻繁地使用阿得拉，就更有可能會遇上多巴胺醌造成的長期損害，尤其當你的 GST／GPX 基因是先天問題，或者當你體內經累積了過量的重金屬時。如果你真的需要刺激身體分泌多巴胺，可以選擇更好的方式，特別是「28 天基因修復療程」。

酪胺酸能幫助過動、容易分心的孩子

這些聽起來很耳熟嗎？

- ■ 「講話的時候可以麻煩你不要動來動去的嗎？」
- ■ 「每週二的晚上是倒垃圾的時間。為什麼還要我每個禮拜都提醒你呢？」

- 「要是你的頭沒戴在脖子上，鐵定也會被你搞丟。」
- 「爸，我忘了帶運動服。你能送來給我嗎？足球賽十分鐘後就要開始了！」

沒錯，這就是我跟我大兒子塔斯曼。我很愛他，但他總是知道該怎麼惹我生氣！

塔斯曼是很棒的孩子，他在學校品學兼優，體育表現也相當出色。如果你看到他在學校的樣子，或是有機會來我家吃飯，絕對想不到他其實是過動兒。

不過，他確實有注意力不足過動症。他有快速的 COMT 基因，和健全的甲基化循環，所以他的身體會像沒有明天那般，消耗掉所有的多巴胺和正腎上腺素。更嚴重的是，他還是個孩子。他的身材又高又瘦的，是個還在發育期卻沒有吃夠蛋白質的男孩，好讓他每次踢球都能發揮實力，以及代謝所有的壓力性神經傳導物質。

所以我常常跟在他後面說：「拜託你吃多一點蛋白質，這樣你才能有清晰的頭腦和更強壯的體魄。」我老是告訴他，如果他沒有吃足夠的蛋白質，光是去健身增肌只是白白浪費時間。

那他是怎麼辦到的呢？他是如何維持專注力和社交圈，同時不會覺得無趣又沮喪的呢？你已經知道 COMT 基因會燃燒數種生化物質，包含多巴胺。所以關鍵就是，幫助塔斯曼的快速 COMT 基因製造更多的多巴胺。我發現多巴胺是由蛋白質變來的。更具體來說，是從動物性和動物性蛋白中，一種名叫酪胺酸

（tyrosine）的氨基酸轉變而成多巴胺。

　　猜猜看我如何幫助塔斯曼製造更多的多巴胺呢？沒錯，正是酪胺酸補充劑。他的房間裡就放著一瓶補充劑，每天早上都會吃一顆。我甚至不需要一再提醒，他就先告訴我：「爸，吃了酪胺酸後我覺得好多了，你甚至不需要叫我吃藥。」自從他透過蛋白質和酪胺酸等自然的方式，開始增加體內的多巴胺濃度後，他變得不一樣了。

　　不過這還不是萬無一失的做法。大概在三週前，塔斯曼變得不耐煩，甚至是無理取鬧，一開始我不太高興，接著我便收起了父親的臉孔，換上了我的醫師袍。

　　「塔斯曼，你現在吃多少顆酪胺酸？」

　　他大聲的說：「兩三顆，或四顆也不一定，看情況。」

　　砰，因為吃了一顆藥丸讓他好了許多，所以他以為多吃幾顆就會更好。這次的經驗提醒了我，劑量才是重點。

　　我要他立刻停止服用酪胺酸，不消一天半的時間，我的好孩子就回來了。接著他又開始忘東忘西，還變得愛睏。所以我又要他開始一天吃一顆酪胺酸，而且只有在他覺得需要時才要吃。比方說某天他很多事情要處理，尤其是學校課業比較多，或有需要費心的事情—他就會吃一顆酪胺酸。放假時，就幾乎不需要吃了。這就是我們現在的情況。

　　「傾聽你的身體，」我告訴塔斯曼。「去了解你自己，以及你的感受。」隨著他漸漸成長，開始增加日常的蛋白質攝取量後，我可能才會要他再少吃些酪胺酸，尤其要等到他更有自覺

力，也更能判斷身體的訊息之後，他更得少吃了。

　　傾聽你的身體，也幫助你的孩子傾聽自己的身體。如此一來，你聽見的聲音一定會，比任何醫師告訴你的還更有效。畢竟，醫生就像個教練，而你或你的孩子就像運動員。雖然你可以去找最棒的教練，但更重要的是，還是得靠自己努力─才是左右場上表現的關鍵。

修復 COMT 基因的營養素

　　鎂，是 COMT 基因機能要正常運作的最大關鍵。所以如果飲食中無法獲得足夠的鎂，大約有 50%的美國人都是如此，就會弄髒 COMT 基因。

　　鎂能從以下食物中攝取：深綠葉蔬菜、堅果、種籽、魚肉、豆類、酪梨及全穀食物。

　　另外，還有兩種因素會導致鎂不足：攝取咖啡因，以及長期使用氫離子幫浦制酸劑（PPI）。等到我們進入細節後，我會幫助你戒掉咖啡因和制酸劑，同時用替代方式促進消化和維持警覺心。我本人是不喝咖啡因飲料，或服用任何藥物的。完全都沒有。你也不需要它們。

如何幫助 COMT 基因發揮功用？

　　我不會忘記最後一次瑪戈和布雷克對我說的話。雖然他們的

問題剛好是兩個極端，但是他們都說了類似的話：

瑪戈說：「我覺得了解體內的化學物質組成後，也能幫助用另一種角度去看待自己。以前我討厭自己總是這麼緊繃又興奮，總是隨時充滿活力，好像我就是無法跟其他人一樣。現在我知道了，我只是因為有過量的多巴胺。這很酷，真的很酷！但我絕不能讓多巴胺失控。」

布雷克說：「我以前總是覺得，大概是我懶惰又動作慢。但原來不是那樣，我只是多巴胺的濃度太低了！老實說，我很喜歡這樣的自己。但我很慶幸知道，要是生化機能又出現老問題時，我又能做些什麼。」

對瑪戈與布雷克來說，關鍵在於自我察覺。瑪戈需要注意到她的多巴胺濃度正在增加，也就是當她太緊繃、積極，或太沉浸在工作時。她得意識到自己該休息了，需要定期慢下自己的腳步，透過特別放鬆的方式平衡她的高強度舉止。但是，她不需要「冷靜」或「過得悠哉點」，反而得找出方法，讓她有更好的高強度行為。

布雷克得注意到自己變得比較糊塗、健忘或漫不經心。他得意識到自己該透過高蛋白飲食來幫助快速 COMT 基因，或者考慮偶而服用酪胺酸。他不需要嚴厲地督促自己，而是得學習如何「聰明地工作」，該如何幫助他的大腦完成自己選擇的工作。

正如上面提到的，要修復 COMT 基因的關鍵，就是隨時察覺。如果你不知道問題在哪，就無法採取適當的行動。所以現在我要你做點事情。沒錯，就是現在。去傾聽，將注意力放在你的

身心上。現在暫時把手上的書本放下，問問自己：現在你感覺怎麼樣？會覺得暈眩嗎？興奮？不耐煩？無趣？無法專心？憂鬱？頭痛嗎？哪個單字或措辭足以描述你目前的情況呢？基於這個資訊，你覺得你的 COMT 基因正在做些什麼呢？是運作得或慢或快呢？你覺得你的 COMT 基因是出於先天，還是後天造成的呢？這種感覺是會反覆出現（表示你有的是後天的 COMT 基因），還是從有記憶以來都有（天生就有問題的基因）呢？

　　同時，這裡有幾個建議，可以幫助你徹底發揮 COMT 基因：

給擁有慢速或快速 COMT 基因的你

- **改善體重**：體脂肪會製造雌激素，增加 COMT 基因調節雌激素濃度的困難。
- **避免讓食物跟塑膠品接觸**：塑膠類物品含有環境雌激素。
- **避開雙酚 A 塑膠品的產品**：許多地方都可以發現雙酚 A 的蹤跡（從罐頭容器的內層，到收銀機統一發票上）但你們一定得盡一切所能遠離它。
- **每天冥想幾分鐘**：當精神超載或不濟時，這麼做可以集中精神。
- **作息要規律**：讓身體有最充足的睡眠。規律作息能幫身體找回注意力。
- **吃乾淨的食物**：購買有機農產品，至少選擇最可能沒有用化學物的食物。
- **平衡雌激素濃度**：多吃牛肉、胡蘿蔔、洋蔥、朝鮮薊及十字

花科蔬菜。苦菜類如蒲公英葉和白蘿蔔能幫助肝臟代謝雌激素，多吃它們準沒錯。

■ **每天最多用餐三次**：每餐應包含了蛋白質、碳水化合物和脂肪。平衡血糖，也平衡心情。

■ **簡化環境**：周圍越是充滿「噪音」，頭腦的噪音也會更「吵雜」。這是你們要做的最後一件事情！維持簡單並整潔，當然也可以考慮風水來美化環境。

■ **避開化學物質**：「年年春」（Roundup）除草劑，因為它會影響芳香化酶的活性（芳香化酶是一種能將其他生化物質轉變為雌激素的酶）。同時也要避免食用非有機黃豆和黃豆食品，因為很有可能使用了年年春。更簡單地說，你們都得避免接觸周遭的除草劑、農藥和其他含有內分泌干擾物質的化學品，不管是日常生活用品、園藝用具及個人健康產品，這也包含化妝品。草甘膦（glyphosate）、鄰苯二甲酸酯（phthalates）及戴奧辛（dioxins）都是非常毒的化學物質。

給擁有慢速 COMT 基因的你

■ **觀察自己的壓力變化**：找出慢下腳步的方法，就算只有幾分鐘也行，深呼吸、聆聽音樂，或用餐前先欣賞一下食物的樣子和香氣，好讓自己放鬆吃飯，減輕用餐時的壓力。

■ **休息、休假和度假**：你以為像個超人是很正常，但你以經過勞了。

■ **紓解壓力**：以健身或任何種運動代謝多餘的壓力性神經傳導

物質。

- **留意對咖啡因的感受：** 如果因為這些食物而產生不耐煩或焦慮的感覺時，就必須減少攝取量。

給擁有快速 COMT 基因的你

- **與蛋白質當好朋友：** 糖分和精緻澱粉就是你的敵人。每餐都要吃到優質蛋白質，也就是有機蛋白質，要避免三明治裡的炸烤肉類。如果你一早就吃高澱粉、低蛋白的早餐，整天會多巴胺低落，接下來受苦的是你的專注力、動力和元氣。
- **睡眠也是你的好朋友：** 睡眠能讓身體製造缺乏的物質。以 COMT 基因來說，你需要提供身體足夠的時間製造多巴胺。每個人需要長度的睡眠時間不同，好讓身體機能順利運轉。找出自己需要多長的睡眠時間，並確實讓自己每天睡飽。
- **多多鍛鍊腦力：** 跳舞、演奏樂器、運動、刺激的桌遊（不是平板慢速的那種遊戲），還有甚至是電玩。
- **擁抱：** 擁抱能提高多巴胺。
- **別依賴咖啡因：** 如果你睡得好、吃得好、經常鍛鍊腦力，以及與人擁抱，才能擺脫不再利用食物和飲品來刺激精神。

第7章 DAO 基因：
身體過敏的來源

引起的病症：

- 過敏性休克
- 心律不整
- 氣喘／運動誘發型氣喘 √
- 結膜炎或角膜結膜炎
- 十二指腸潰瘍 √
- 濕疹
- 火燒心
- 失眠 √
- 易怒

- 腸躁症，包含結腸腺瘤、克隆氏症及潰瘍性大腸炎 √
- 關節疼痛 ﹀
- 反胃
- 帕金森氏症 √
- 妊娠相關併發症
- 乾癬 √
- 暈眩

，身材高大但個性文靜的男性。當我鼓勵

寺，即便他一開始從容不迫地娓娓道來，我

沮喪。

「我受夠了　知道哪些食物能吃、哪些不能吃的生活，」他最後還是這麼說了。「明明上次吃一樣的東西都沒事，下一次我卻感到不適。我會頭痛。我老是過敏。如果我吃到不對盤的食物，就會開始冒冷汗、心跳加速。我的皮膚會發癢，而且我常常會流鼻血。怎麼會這樣？」

我詢問杭特之前醫生都是怎麼說的，而他搖搖頭。

「我太太終於說服我花一大筆錢做過敏檢測，結果卻是『無』！我們的鄰居也會過敏，她說我得持續限制自己吃各種食物，直到抓出過敏源。這是場看似永無休止的戰役。」

等我確定了杭特擁有幾個 DAO 基因的 SNP 後，我便明白了問題所在以及解決方法。由於他對組織胺過度敏感，這會影響他的免疫反應及腸道功能的生化作用。組織胺也是一種神經傳導物質，會影響人的想法和情緒。

有些人會對特定食物出現特殊的免疫反應，像是過敏或不耐性，因此可以透過血液檢測，找到對付這些特定食物的抗體。或者，有些人也可以透過排除測試，一次一樣地找到讓自己過敏的食物。

然而，這兩種方法對杭特都沒有用，因為他的問題不是來自特定的食物，而是數種因素加總所致的結果：

- **頑劣的 DAO 基因：**杭特天生處理組織胺的能力就比一般人來得弱，因此富含組織胺的食物，對他來說便可能（但非絕對）是個考驗。

- **妥協的甲基化循環：**倘若 DAO 基因受到過度刺激，另一組基因便會起身主導。這時，候補基因便會仰賴 S-腺苷基甲硫氨酸的甲基。如果甲基化循環無法適當運作，就無法供給那些甲基。

- **病原體：**任何外來病原體都會引發組織胺的釋放。有些病原體僅會引起組織胺的釋放，而有些病原體則會自體產生組織胺，因此辨別和排除腸道病原體絕對有助戰勝 DAO 基因。

- **食物過敏症：**如果人吃到會使自己過敏的食物，過敏原便會引起組織胺的釋放並壓制 DAO 基因。然而有時候食物過敏是受到其他問題的影響，例如消化不良或腸漏。

- **腸漏症：**這是當腸道細胞膜讓未完全消化物質進入血流時，而引起免疫反應的一種症狀。當杭特的腸壁強健且非常完整時，能妥善處理高組織胺的食物。然而，當他的腸道出現漏洞時，含組織胺的食物會變得更加難以處理。所以可以假設杭特在三月時吃到某種讓他產生不適反應的食物，那麼他在六月吃同一種食物時，可能不會出現任何問題。

- **消化不良：**同樣地，消化不良會加劇 DAO 基因所帶來的問題。消化力較弱的意思是指胃酸、胰臟酵素及（或）膽汁的分泌較少。當這些任一分泌物偏低時，病原體便會更容易侵入消化道並在裡面開始作亂。加上這些病原體也會引發免疫

反應（進而引起組織胺）或者釋放組織胺，因而增加體內組織胺的濃度。

我跟杭特一起設計療程。我告訴他，我們將要強化他的腸道、改善消化道、填補腸道菌群的微生物體等，這些都是促進消化功能以及許多其他功能的關鍵。

在起初階段，他應避免食用隔夜菜，隔夜菜放得越久，會產生更多的組織胺（即使把食物放在冰箱，細菌仍會增加食物中的組織胺；不過如果是放在冷凍庫，便能有效抑止組織胺增生），以及其他高組織胺的食物，例如醃肉、發酵食物、果乾、柑橘、熟成起司、多種堅果、煙燻魚肉和特定種類的新鮮魚肉。他能還是可以吃其中一些食物，但主要是為了找到會引發他不適的食物。一旦他的腸道恢復後，微生物體變得更健康，他或許就能吃更多量、更多樣的含組織胺食物。

「好，」當我們完成第一步後，杭特這麼說。「我真鬆了一口氣。這次聽起來是有希望的。其他人明明都能隨心所欲的選擇想吃的食物。真希望我也能那樣。」

「我倒不這麼認為。」我告訴他。「雖然其他人可以吃所有的食物，但也包含對健康有害的食物，而且他們往往都不知道那些是問題食物。或許那些食物會讓人覺得比較沒活力，或者有時候會讓人感到些微頭痛，或者長粉刺或消化不良。但這些看起來都是微不起眼的小事，所以他們選擇漠視。」杭特點點頭。

「然後等他們過了中年，那些已經累積了好幾年的問題終於

爆發。你跟他們不同的是，你的問題已經大聲叫囂，想要吸引注
意力。所以你才會如此迫切想找到解決方案。」

杭特盯著我看。「我以前從來沒那麼想過，」他說。

DAO 基因的體內運作

雖然難過但卻是事實：痛苦和不適能驅使改變，安逸只會讓
你墨守成規。我會這麼說是因為我個人的例子，在我這大半輩子
裡，我總是得努力對抗憂鬱、不耐煩、化學物質敏感症等等其他
症狀。我以前念大學時，甚至無法和賽艇隊的同伴們多喝幾杯啤
酒。每次派對結束的隔天，他們總還是那麼神清颯爽的樣子，而
我卻因為宿醉而過了悲慘的一天（後來我才知道，因為賽艇隊的
訓練強度太高了，加重我體內的甲基化循環，這表示當時的我只
是無法招架須甲基化酒精的額外工作罷了）。

那些健康問題帶來了什麼樣的結果呢？現在的我知道自己需
要的是什麼，以及該做什麼樣的決定才能讓我感覺更好。我的生
活很豐富，努力工作也努力玩樂，跟我的兒子去泛舟、到附近森
林爬山、整理我家的大花園，更別提我還經營我的事業、做研
究，現在正在撰寫這本書。如果不是我的髒基因，強迫我得仔細
看清楚我身體到底需要些什麼，我不敢說我有辦法有現在這麼好
的狀態。就長遠的角度來看，我倒認為我們才是幸運的人。

DAO 基因的小檔案

■ DAO 基因的主要機能

DAO 基因會製造 DAO 酶，大部分的器官內都有它的蹤跡，但尤其會大量充斥在小腸、前列腺、胎盤、腎臟及胎盤內。DAO 酶會幫助處理一種相當重要的生化物質，就是「組織胺」。

我們的身體是有兩個地方來供應組織胺：一是由細胞內，二是從細胞外。DAO 基因負責將細胞外的組織胺排出體外，而且主要是腸道內的細胞。

· 一部份的組織胺是由生長在特定食物中的細菌產生的，例如發酵食物、醃肉及熟成起司。

· 某些益生菌，像是各種乳桿菌，都會製造組織胺。

· 某些腸道細菌會產生出大量的組織胺。

· 當面對壓力及飲食中潛在的危險時，免疫系統也會製造一些組織胺。

當正常濃度的組織胺能幫助維持健康，而過量的組織胺會讓免疫系統變得過度激動，因此你的身體會對特定的食物有過度的反應，甚至對你的自體組織亦是如此。

■ DAO 髒基因會帶來的影響

對腸道內的組織胺做出過度反應，因此很可能會出現食物敏感或過敏反應。

會吸收腸道內的組織胺，也就是組織胺會進入你的血液，然後到達細胞內。當細胞內的組織胺濃度太高時，就容易導致神經系統失調，例如帕金森氏症。

- ■ **DAO 髒基因的跡象**
  常見症狀包含了過敏反應（比方說蕁麻疹、流鼻水和皮膚癢）及食物敏感症、暈車（船）、腸漏症、偏頭痛、反胃／消化不良、妊娠併發症及小腸細菌過度生長等。

- ■ **DAO 髒基因的潛在優勢**
  事先知道過敏原和引發過敏的食物對你絕對百利而無一害，別讓它們逮到機會害你生病。

認識 DAO 髒基因

以前每當我吃過東西後，得過了好一陣子才會有症狀出現，不是那種吃完飯後二十分鐘，或兩個小時內會出現的症狀。這種時間差讓我很難找出是那些食物是主因，加上每次的症狀都不一。或許這次我的脈搏會逐漸加快，有時候則是變得不耐煩、覺得燥熱，或開始流腳汗。我的脖子可能會出現大小不一的濕疹，或者開始流鼻血。情況更嚴重時，我還會失眠，完全不知道是什麼東西讓我睡不著覺。

正如你可以想像的，我曾經因此抑鬱又沮喪。我也找出一些

有問題食物，這確實有些許的幫助，但還是不夠。

過了幾年後，直到我發現了七大超級基因，我一點也不訝異發現自己的 DAO 基因是先天出問題。我可以享用某些含有組織胺的食物，但絕對不能過量。當又出現惱人的症狀時，我現在知道問題可能來自近兩個小時內，我曾經吃過的某種食物。

如今你已經完成了「基因檢測清單一」。不過，這裡還是有其他方式可以確認：

□ 吃完東西後變得更不耐煩、燥熱或發癢。
□ 不耐受柑橘類、魚肉、葡萄酒或起司。
□ 當擦破肌膚時，紅腫的情況會持續數分鐘。
□ 不耐受優格、德國酸菜或克爾菲酸奶（一種發酵的乳製品）。
□ 不耐受甲殼類。
□ 不耐受酒類，尤其是紅酒。
□ 不耐受巧克力。
□ 腳掌容易出汗。
□ 常常肌膚發癢。
□ 經常火燒心，而且常常需要服用制酸劑。
□ 眼睛容易發癢。
□ 有皮膚問題，比方說濕疹或蕁麻疹。
□ 經常流鼻血。
□ 有氣喘或呼吸困難的情況。
□ 經常偏頭痛或其他頭痛問題。
□ 會暈車（船），或不時覺得暈眩。
□ 有時候會耳鳴，尤其是吃完東西後。

□似乎對許多種類的食物都會有反應。

□曾被告知有腸漏症。

□有時候會拉肚子，但是原因不明。

□有潰瘍性結腸炎。

□必須常常服用抗組織胺藥物。

□經常流鼻水或鼻塞。

□難以入睡，或無法熟睡。

□血壓低於 100/60。

□有氣喘、運動誘發型氣喘或呼吸發出喘鳴聲的問題。

□經常覺得關節疼痛。

□有心律不整的問題。

□懷孕時的我比平常可以吃更多種類的食物，而且不會出現任何症狀。

□使用嗎啡、二甲雙胍（metformin）、非類固醇抗發炎藥物（NSAIDs，如阿斯匹靈和布洛芬等藥物）、制酸劑、克羅尼丁（clonidine）、異菸鹼醯（isoniazid）、潘泰宓（pentamidine）及（或）鹽酸阿米諾樂（amiloride）時會有副作用。

組織胺助腸道運動，過量則汙染基因

跟許多的生化物質一樣，組織胺也是把雙面刃。是福是禍的差別在於，體內的組織胺有多少、在哪裡，以及其他身體機能的狀況如何。

組織胺的關鍵功能就是對抗腸道內的病原體，畢竟你永遠無法得知食物或飲水中有什麼東西。當有害細菌或有毒物質被吃下肚時，就是派組織胺上場的時候了！**組織胺會刺激免疫系統，釋**

出殺手級的化學物質去消滅有害的入侵者，進而守護你的健康。

組織胺也是腸道運動的要角，讓腸道得以先留住食物，再放行廢物通過。你可不會想讓食物或廢物滯留在體內，因為逐漸腐敗的食物將釋出許多毒素，所以一定得排出體外，而不是留在身體裡。所以幸好有組織胺，把這些東西通通送往下一站。

最後，組織胺會分泌消化蛋白質的胃酸。當吞下一口食物後，這口食物就會抵達胃，然後在胃裡進行分解。胃酸能幫助我們徹底分解食物，尤其是動物肉類，而組織胺正是關鍵，能幫助胃分泌足以分解食物的胃酸量。

所以消化道裡面一定要有組織胺，但不能過量。當組織胺太高時，反而會讓免疫系統釋出殺手級化學物質，進而引起發炎反應。

回到 DAO 基因上，這個基因的工作是幫助身體清除不需要的組織胺。但是當組織胺過量時，DAO 基因的工作就會超乎負荷，也就無法做好工作了。然而，如果 DAO 基因的工作量雖沒有超標，但卻是髒基因時，它就連一般含量的組織胺也無法順利處理。

那麼，那些組織胺又是從何而來的呢？

嗯，當你吃下蛋白質時，所攝取的物質稱為「組胺酸」（histidine）。然後，在消化的過程中，特定的細菌會將組胺酸轉換為組織胺。

富含高組織胺的食物，容易汙染 DAO 基

■ 熟成起司

■ 酒類（所有種類的酒類，但尤其是香檳和紅酒）

■ 肉骨湯

■ 巧克力

■ 柑橘類水果和果汁（除了檸檬是最耐受的水果）

■ 醃肉：義大利臘腸、部份種類的香腸、鹽醃牛肉、煙燻牛
　肉等類似食物

■ 果乾

■ 發酵食物，包含優格、酸奶油、克菲爾酸奶、生德國酸
　菜、韓國泡菜、醃黃瓜及發酵蔬菜

■ 魚肉（尤其是煙燻或罐裝魚肉）以及特定種類的鮮魚（尤
　其是生吃，如生魚片）

■ 果汁

■ 酸味食物（比方說用檸檬汁或橙汁醃泡的食物）

■ 生番茄，烹煮後的番茄通常沒問題

■ 菠菜

■ 醋品（不過有些人能耐受未過濾的有機蘋果醋）

所以吃下這些食物，也就會得到更多的組織胺。

腸道好菌能平衡組織胺

幾年前還沒有人聽說過微生物體，然而微生物體卻是人體最重要的組成之一。

喔，不全然是你的人體結構。這個微生物體包含了，居住在你腸道及其他體內器官的無數細菌。這些細菌的數量，超過人體細胞數量的十倍，更超過人體基因數量的一百五十倍。而且微生物體會隨著我們進化，所以要是少了這個微生物群落的協助，許多人體機能都無法運作了。

例如消化，我們無法消化纖維，但腸道細菌可以。由於腸道細菌以那些纖維為食，當它們發酵消化纖維時，會產生酸性物質和其他生化物質等，這些產物都會對各種身體機能造成相當關鍵的影響。

你需要的是強壯、多元又健康的微生物體，裡面的各種腸道細菌的比例必須要恰到好處。因為當腸道細菌失衡時，某種細菌的數量太多，造成其他菌種的數量不足時，接下來，我的朋友，麻煩就找上門來了。雖然使用抗生素可以殺死有害細菌，但微生物體也無法倖免，便會造成菌種比例失衡。壓力、久病或感染、不當飲食、接觸毒素和消化問題（比方說腸漏症）也同樣會造成失衡。

當菌種平衡遭到破壞時，可能會讓腸道的組織胺濃度過高。接著，你的免疫系統就會開始製造更多殺手級的化學物質，以及接二連三的惱人症狀。

你或許會想試著吃益生菌恢復菌種平衡，這也是另一個恢復微生物平衡的方式。尤其當你正在或最近開始服用抗生素，這是很常見的建議作法。

不過，這裡有個小小的矛盾地方，就是當發酵食物會促進產生更多的組織胺，雖然益生菌也同樣會，但是有些益生菌是用來幫助身體分解組織胺。所以完美的角度來看，你需要藉由發酵食物和益生菌平衡微生物體；但整體而言，是讓腸道內組織胺維持在健康的濃度，而非濃度超標。如果你正好有頑劣的 DAO 基因，就會更困難卻也更重要，得達到平衡。

從嘴巴到肛門是一連串漫長的管道，意思是從嘴巴、喉嚨、食道、胃、小腸、大腸、直腸到肛門是一個又接著一個的器官，當必要時，兩個器官之間的小閥口便會開啟或關閉。

吃東西和喝飲料會發生什麼事呢？整個消化過程是從唾液開始，讓你將食物和飲料吞下喉嚨，然後通過食道進入胃袋，接著由胃酸來消化這些食物和液體。等到進入小腸時，便由消化酵素和膽汁進一步分解你吃下肚的食物和飲料。到了大腸，則由益菌進一步分解消化。最後的殘渣就是糞便了。

這一連串漫長的管道不只幫助消化食物，更讓你遠離飲食中的有害細菌、寄生蟲、病毒及化學物質，這就是人體內建的防禦機制：胃酸、消化酵素、膽汁和微生物體。所以當這座城牆變得脆弱時，DAO 基因自然就會無法負荷。

哪些事會汙染 DAO 基因？

- 吃了太多含有組織胺的食物。
- 喝下太多含有組織胺的液體。
- 微生物體失衡。
- 小腸細菌過度生長（SIBO）。
- 因有害細菌、酵母菌、寄生蟲、潰瘍性大腸炎、克隆氏症等類似原因，造成腸道疾病或感染。
- 特定藥物治療：制酸劑、抗生素、二甲雙胍及單胺氧化酶抑制劑（MAO inhibitors）。
- 酸性飲食法。
- 高蛋白飲食法。
- 麩質。
- 食物敏感症。
- 情緒／心理壓力。
- 化療。

注意！腸漏症會製造過多組織胺

　　神奇的是，整個腸內壁的厚度只有一個細胞厚。而每個腸細胞彼此之間毫無一丁點縫隙，因此被稱為「緊密連結」（tight

junctions，意即細胞間的屏障足以將任何液體、固體或化學物質封鎖在腸內）。在這片腸壁內會將蛋白質分解為胺基酸，碳水化合物被分子化為葡萄糖，脂肪則分子化為膽固醇，還有維他命及礦物質。此時的營養素體積小，足以通過那些緊密連結，然後其餘的殘渣則繼續留在消化道內。

另一方面，腸道內的免疫系統則扮演著其他器官的守衛，例如血管、肝臟和脾臟。沒錯：當有東西從消化道滲出並進入其他身體部份時，你的免疫系統便會整裝，準備向敵軍發動攻擊。

如果那些緊密連接鬆開了，會發生什麼事呢？這種情況就稱為「腸漏症」。消化不全的細微食物，將以免疫系統無法辨識的型態，從較大的漏洞中滲出去。

起初這些消化未全的食物，滲出來後並不會被攻擊。但是一旦有太多「入侵者」穿過腸壁後，免疫系統便會開火攻擊。首先，免疫系統會將這些食物視為有害的入侵者，像是對牛奶製品、麩質（會導致緊密連結被鬆開）及其他多種食物出現的常見反應。

當你有腸漏症時，經常吃的食物都將引發免疫反應。這也就是為何有些人以為吃了安全的食物，也發生問題。他們一直排除有問題的食物，選擇吃新的其他種食物，然後過了一個月後，他們也對新的食物產生了反應！聽起來很耳熟嗎？

我們的免疫系統會產生抗體，來找出滲出腸道的任何食物。一旦抗體產生後，每當你吃到即使一小口的問題食物，這些抗體都會通知免疫系統，派出殺手級的化學物質進行抵禦。因此當你

越是繼續吃這些問題食物，免疫系統就更難以平復你引發的戰爭。接著關節開始疼痛，腦霧出現了，而且你總是覺得疲憊。

當腸漏症發病時，還會發生什麼事呢？身體會製造額外的組織胺。組織胺本來是為了撫平發炎，然而過量的組織胺變成了惡性循環，不斷重覆觸發免疫系統，進而又釋出更多的組織胺，因而使腸漏症更難以康復，你的 DAO 基因也更髒了。所以現在的你，體內至少有三個惡性循環（也就是腸道、免疫系統及組織胺），每個惡性循環都會加劇其他兩個惡性循環，然後聯手欺負你的 DAO 基因。

居住在腸壁細胞內的 DAO 酶，主要是負責處理組織胺，此時甚至還會來扯後腿。當腸壁已經成為戰場時，細胞數量變得更少又不完整，因此 DAO 酶也會減少，因此就沒有足夠的 DAO 酶來處理組織胺了。這也就是為什麼戰勝腸漏症的人，耐受特定食物的能力也會明顯增強。因為有了緊密連結的腸壁，你就能用 DAO 酶來處理那些食物。

幸運的是，透過注意飲食、運動、睡眠、排毒及壓力，便能重新填補微生物體、治癒腸漏症，以及降低組織胺濃度。而且這些步驟都是減輕 DAO 基因的負擔、增進 DAO 酶，並確保你有足夠的甲基，來幫助你的後備組織胺基因徹底完成甲基化。

該吃抗組織胺藥物嗎？

許多人問我，抗組織胺藥物能有效對付這章節提到的問題

嗎？這是個邏輯問題。如果你的 DAO 基因是負荷了太多的組織胺，或許你會想靠抗組織胺藥物來幫助這個基因。

　　我用兩種方式，來回答這個問題。第一種是「或許能這麼做。不過要看你服用的是哪種抗組織胺藥物，或許能緩解或根除症狀。」

　　比方說，驅特異膜衣錠（Zyrtec）是一種常用的抗組織胺藥物，專門用來對付季節性過敏，利用組織胺來抑制組織胺接受器，進而消彌症狀。

　　苯海拉明（Benadryl）也同樣會堵住組織胺接受器，讓組織胺無法影響它們。由於躁症和失眠都與高組織胺濃度有關，部份醫生甚至會開立苯海拉明，來治療這那些狀況。而事實上，病患的症狀也都獲得改善。

　　不過，必須注意的是，我的意思不是驅特異或苯海拉明能降低體內的組織胺濃度。你們的體內仍有過量的組織胺，只是當時組織胺已經無法對接受器正常發揮功能了。只要你一停藥，組織胺立即恢復影響力，症狀又開始湧現。這種溜溜球效應讓你得一直依賴抗組織胺藥物。

制酸劑不是萬靈丹

　　腸道有過量組織胺時，還會產生另一個問題：胃食道逆流及火燒心。事實上，這類的制酸劑就是跟抗組織胺藥物一樣，都是用來阻斷組織胺接受器。

　　制酸劑也跟抗組織胺藥物一樣，並不會降低體內的組織胺濃度，只是改變身你對組織胺的反應。我更寧願你停止吃那些高組織胺食物，並開始修復 DAO 基因和其他髒基因，這才是更長遠的作法，好過一輩子依賴奧美拉唑（Prilosec）或善胃得（Zantac）。

修復 DAO 基因的營養素

　　為了幫助 DAO 基因順利運作，需要兩種主要的營養素，就是鈣和銅：

鈣：羽衣甘藍、花椰菜、西洋菜、豆芽菜、低組織胺起司（選擇山羊／綿羊奶做的）、青江菜、秋葵、杏仁。

銅：牛肝、葵花籽、扁豆、杏仁、黑糖蜜、蘆筍、甜菜葉。

　　你也需要靠食物來平衡高酸性體質，或選擇吃會產生酸性的食物：

杏仁奶	朝鮮薊	芝麻菜
蘆筍	酪梨油	甜菜
白菜	花椰菜	球芽甘藍
蕎麥	高麗菜	紅蘿蔔
白花椰菜	芹菜	奇亞籽
椰子	椰子油	菊苣
亞麻籽	大蒜	薑

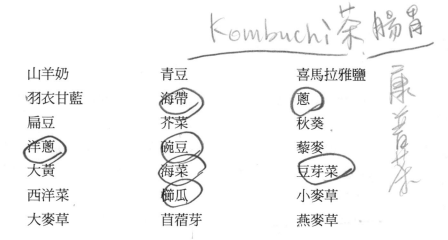

山羊奶	青豆	喜馬拉雅鹽
羽衣甘藍	海帶	蔥
扁豆	芥菜	秋葵
洋蔥	碗豆	藜麥
大黃	海菜	豆芽菜
西洋菜	櫛瓜	小麥草
大麥草	苜蓿芽	燕麥草

如何幫助 DAO 基因發揮功用？

經過第一次會面後，杭特和我又談了一陣子，他漸漸開始好轉了。他已經開始明白哪些含有組織胺的食物，會帶給他麻煩，以及哪些食物只要控制在少量的範圍裡，身體也是能夠應付的。此外，他也藉由補充益生菌，來幫助自己處理組織胺。杭特也了解他得少吃隔夜菜，最好只吃新鮮食物。

「這麼做雖然有點辛苦，」杭特靜靜地告訴我，「但卻很值得，因為我的症狀全都消失了，現在的我比過去幾年來都更有活力。」雖然杭特已經不吃發酵蔬菜和生吃德國酸菜了，但是那些其實都是有益人體的微生物體的健康食物。因此我便向他保證，只要他的身體更強壯了，那些食物也可以少量吃一些。

在進行療程前，你也可以現在就執行以下的其他建議方法，來幫助你的 DAO 基因：

■ **停止服用益生菌**：禁止繼續吃含乾酪乳酸桿菌（Lactobacillus

casei）及保加利亞乳桿菌（Lactobacillus bulgaricus）。

■ **檢查雌激素濃度：**這是給女性的建議。尤其正處於排卵期，妳的組織胺症狀又更加惡化的時候。高雌激素濃度會讓身體，釋放更多的組織胺。一定要遵循第 6 章提到，如何平衡雌激素的建議：避免使用塑膠品、改善體重，以及多吃能平衡雌激素的食物。

■ **產生足夠的胃酸、消化酵素和膽汁流：**這些都是維持健康的微生物體，並擊退病原體的關鍵分泌物。

■ **拒絕會產生酸性的食物：**選擇有助降低酸性的食物。做好均衡飲食，比方說當你吃了很多蛋白時，也要吃同等份量的燙青菜。當你喝了一點康普茶，也要吃點豆芽菜。你可以利用 136-137 頁的食物列表，來均衡 129 頁表上的食物。

■ **改善睡眠並減少壓力：**因為壓力性神經傳導物質會促使釋放組織胺。有效促進睡眠的方法包含冥想、電腦和其他螢幕加裝濾藍光片、睡前一小時避免使用螢幕、睡覺時房間要關燈或使用好一點的眼罩。

第 8 章

MAOA 基因：
情緒與貪吃的原因

引起的病症：
- 成癮症，比方說對酒精、尼古丁 √
- 注意力不足過動症 √
- 阿茲海默症 √
- 反社會型人格障礙
- 焦慮症 √
- 自閉症 √
- 躁鬱症 √
- 憂鬱症 √

- 纖維肌痛症
- 腸躁症 √
- 偏頭痛 √
- 強迫症
- 恐慌症
- 帕金森氏症 √
- 思覺失調症（舊稱「精神分裂症」）√
- 季節性情緒失調

貪食碳水化合物的凱莎

　　COMT 基因有兩種：快速版和慢速版。MAOA 基因也分成兩種，一樣是快速版和慢速版的基因。

　　凱莎擁有的是快速的 MAOA 基因。她超愛吃碳水化合物和巧克力，熱愛的程度像是下次再也吃不到似的。我們第一次見面時，她至少比理想體重多了二十七公斤，因為她覺得這是自己造成的，所以感到特別挫敗。

　　「我自己也知道，但我就是克制不了自己，」她告訴我。「我好像毫無自制力，我買了很多有益健康的蔬菜，也煮了相當健康的晚餐，有烤雞肉和烤蔬菜，有時候還準備一盤沙拉。但是過了一兩個小時後，我就忍不住了。我得吃點含碳食物。如果我不去買條糖果棒和幾塊蛋糕，我覺得自己好像要掉進黑洞裡一樣。有幾晚我還能堅持得住，但有時候沒辦法，但不管是哪一種情況，都快把我搞瘋了。我覺得自己是這世界上最脆弱的人，我都開始討厭起自己了。」

　　「我倒不這麼覺得，」我告訴她。「妳並不脆弱，事實上，還差得遠呢！妳非常努力傾聽身體的聲音，也提供它所需的食物。妳只是還沒能用對工具。我們從現在起就能改變。」

　　凱莎後來把基因檢測結果寄給我看，所以我已經知道她擁有快速的 MAOA 基因。雖然就算沒有這份報告，我也能相當肯定：她完全符合這個類型。我說：「讓我問問妳，妳吃碳水化合物或巧克力前，有什麼樣的感覺呢？」

　　凱莎皺起了眉頭。「以前總覺得自己好像跌進黑洞，越跌越

深的黑洞。我知道吃完碳水化合物後，我就會好很多，但我也知道我不該這麼做。雖然這麼做讓我罪惡感越來越深，但鬱鬱寡歡的感覺更不好受，所以我老是忍不住。」

我點點頭。「那麼吃完之後呢？」

凱莎搖搖頭。「吃完後我也確實覺得好多了，覺得充滿希望，心裡也更寧靜了。」她笑了，並接著說：「但最多也就一個小時。這是永無止境的循環，我真的厭倦了。所以我才來找你，這個循環一定得停止了。」

我向凱莎說明，是因為她的 MAOA 基因，讓身體處理血清素的速度太快了。血清素是一種神經傳導物質，能幫助我們感到寧靜、樂觀及自信。當體內血清素濃度太低時，我們就會覺得哀傷、孤寂和無助，所以便懷疑起自己和本身的能耐。

由於凱莎擁有的是快速 MAOA 基因，讓她體內的血清素濃度下滑得太迅速。吃含糖的高澱粉食物是她唯一知道的方法，這些食物確實能暫時增加血清素，可能也是最迅速的方法了。所以沒錯，因為凱莎的系統運作得相當快，也絕對非常有效率。

但她也很明白這種吃法的壞處：情緒會像雲霄飛車般起伏，體重也會增加。「妳的方向其實是對的，」我告訴凱莎。「只是還沒有成功。這無關意志力，也無關貪吃或任何會讓人覺得羞愧的字詞。現在妳得先改掉這種想法，因為我們要談的不是意志力，而是基本的生物學，妳的身體天性。」

我接著提出下一個問題，我知道凱莎一定會很吃驚。「那麼，妳會半夜經常醒來，得吃些點心，才能睡得了覺嗎？」

　　她突然拍了桌子後便說：「對！你怎麼知道？」

　　我跟她說明血清素是製造褪黑激素的原料之一，是讓她能睡得好的關鍵荷爾蒙。由於她很快就耗盡體內的血清素了，所以褪黑激素濃度也跟著下滑。她馬上問我該補充多少褪黑激素。

　　「我們先從基礎面開始，」我告訴她。「祕訣不是吃另一種藥物，而是要大聲且清楚地告訴妳的身體，它已經獲得了充足的食物了。研究發現每天吃下適當的蛋白質後，神經傳導物質也變得比較穩定，進而降低妳對食物的渴望、情緒起伏和暴飲暴食的傾向，也能促進晚間睡眠。」

　　凱莎承認她的早餐經常是甜甜圈配咖啡，而不是吃水煮蛋或其他蛋白質。她很期待改掉以往的早餐菜單後，或許就能破壞這個循環。

　　現在還需要考慮另一個因素：營養素。規律地補充核黃素／維他命 B2，來幫助 MAOA 基因發揮機能。這個基因還需要色胺酸（tryptophan），這是一種存在於碳水化合物中的營養素。凱莎的快速 MAOA 基因會以相當迅速的方式，耗盡這兩種營養素，所以她自然很快得吃點吃碳水化合物補充營養。我之前就說了，她的方向並沒有偏離得太遠！問題只是她選擇了錯誤的碳水化合物，又沒有吃對的食物來維持平衡。她需要的是，對身體影響更緩慢的碳水化合物—富含纖維的複合式碳水化合物，並藉由攝取蛋白質和健康脂肪，來平衡那些碳水化合物。這種飲食方式，能讓她的快速 MAOA 基因平復到正常的速度。如此一來，便不會再這麼渴望碳水化合物，心情也不再像雲霄飛車似的擺盪，終於也

不再發胖了。

　　最後我告訴凱莎，用不同的方法管理壓力。人們通常認為紓壓不過是個矯情的藉口，跟科學和生化一點也扯不上關係。

　　錯了！壓力絕對是人體中最強大的生化體驗之一。而壓力管理是我們能為基因、健康，以及自己能做得最棒的一件事。當你情緒平靜時，基因就能專心運作，然而當你肩負壓力時，情況可就截然不同了。這也就是為何減壓是最迫切要做的事情。

脾氣像吃了炸藥的馬庫斯

　　凱莎的時段結束後，我跟馬庫斯見面，我從觀察中幾乎就能確定，他天生就有 MAOA 髒基因，慢速版的那種。因為有這種基因，只要幾秒鐘的時間，怒氣一觸即發。

　　從馬庫斯的角度來看，生氣並不是問題癥結。「聽著，如果你是我，看到這些事情發生，你一定也會生氣。」他坦白地說。但每當他發起脾氣，都得花好長時間恢復平靜。有時候他甚至完全無法冷靜下來。

　　撇開怒氣不談，馬庫斯並不欣賞自己失控的樣子。「我不喜歡這般的自己，」他告訴我，「而且很傷身。」

　　跟凱莎一樣，馬庫斯的問題不在於控制意志力或心智，而是來自基因。慢速 MAOA 基因讓他代謝神經傳導物質的速度，比一般人都還來得慢。當發生不如意的事情時，他的身體會大量分泌多巴胺及正腎上腺素，所有人也都會如此。但當 MAOA 基因是好的時候，能迅速地排掉那些壓力性神經傳導物質，我們會生氣、

緊張、興奮，然後也會克服那些感受。然而馬庫斯的慢速 MAOA 基因，排掉那些神經傳導物質的速度相當緩慢，所以才使他難以平復心情。

擁有慢速 MAOA 基因，當然也有幾個好處。馬庫斯能隨時應付各種挑戰。

當我把這一切都像馬庫斯說明後，我看得出來他鬆了一口氣。「終於，我就知道！就是那種感覺，好像某個東西不讓我冷靜下來。醫生，這對我來說太重要了。我們接下來能怎麼做呢？」

我告訴他這還沒講完呢。為了讓馬庫斯了解情況有多糟，我向他解釋，他的 MAOA 基因處理血清素的速度，遠遠不及一般人。相較於凱莎的快速 MAOA 基因讓身體的血清素不足，慢速 MAOA 基因讓馬庫斯擁有過量的血清素。

所以，馬庫斯跟凱莎都得先從飲食著手。馬庫斯也需要豐盛的均衡蛋白質當早餐，也需要限制每日的碳水化合物和糖分。這些「高熱量」的食物會讓他的精神忽高忽低，壓力性神經傳導物質也就跟著起伏，讓他的情緒又搭上了雲霄飛車。由於馬庫斯的壓力性神經傳導物質排出體外的速度已經相當慢了，高糖、高碳水化合物只會讓他的問題更加惡化。

吃零食是馬庫斯擺脫罪惡感的方式，也會讓血糖失衡，進而擾亂了他的壓力性神經傳導物質。因此我建議他，要戒掉餐間吃零食的習慣，而且每天三餐都要吃健康的食物。

我也要求馬庫斯學習紓壓，才能降低 MAOA 基因的負擔。畢

竟身上的壓力越多，大腦就會分泌越多多巴胺和正腎上腺素。

　　最後我告訴馬庫斯，當覺得有壓力時，好好睡一覺勝過做任何事情。少了睡眠，我們會變得越來越情緒化。所以我要求他晚上十一點前就寢，睡前必須遠離電子用品。加上馬庫斯擁有慢速基因，這表示體內的壓力性神經傳導物質本來就足以讓他保持清醒了。倘若我們能幫助他冷靜下來進入夢鄉，這反而成為他的優勢，因為過量的血清素會轉換成褪黑激素，能有效促進熟睡。

MAOA 基因的小檔案

- **MAOA 基因的主要機能**

  MAOA 基因會製造 MAOA 酶，處理兩種關鍵的壓力性神經傳導物質，多巴胺及正腎上腺素，讓身體能快速做出壓力反應。MAOA 基因也能處理血清素，這一種神經傳導物質能讓你感到平靜及樂觀。

- **MAOA 髒基因會帶來的影響**

  頑劣的 MAOA 基因會讓情緒嚴重擺盪，尤其加上 MTHFR 基因及（或）COMT 基因先天有缺陷。這三種髒基因要是聯手起來，會讓你擁有強大的能量和專注力，但也足以讓你的脾氣失控，更難以控制發怒。

  慢速 MAOA 基因：比起一般人，擁有慢速 MAOA 基因的你排除正腎上腺素、多巴胺及血清素的速度相當緩慢，導致這些神經傳導物質的濃度過量。

快速 MAOA 基因：比起一般人，擁有快速的 MAOA 的你排除取甲腎上腺素、多巴胺及血清素的速度太快了，反而讓你缺乏了這些重要的神經傳導物質。

■ **MAOA 髒基因的跡象**

慢速 MAOA 基因：常見跡象包含了難以入眠、過度驚嚇反應、頭痛、易怒、情緒不穩、長期焦慮、做出憤怒且（或）攻擊性行為，以及放鬆或關機障礙。

快速 MAOA 基因：常見跡象包含了酗酒及（或）其他癮症、注意力不足過動症、愛吃碳水化合物及甜食、憂鬱症、難以熟睡、疲倦及情感平淡。

■ **MAOA 髒基因的潛在優勢**

慢速 MAOA 基因：當你較沒壓力時，會更有警覺心、注意力、高興、有活力、有精神、工作效率較高，以及自信心。

快速 MAOA 基因：當壓力較大時，心情比較能平靜。大部分的時候，你都滿放鬆且好相處。

認識 MAOA 髒基因

「基因檢測清單一」能讓你清楚了解，你是否需修復 MAOA 基因。不過倘若你想藉由更具體的問題去了解，請繼續看下去：

□ 經確診患有注意力不足過動症。

□ 重鬱症是我們家族的病史。

□ 家人都有酗酒習慣。

□ 有碳水化合物成癮。

□ 多吃蛋白質能讓我能表現得更好。

□ 面對壓力時，自己呼吸變更急促。

□ 我時常比我希望的，更容易表現出侵略性。

□ 時常要花點時間冷靜。

□ 能長時間維持專注力。

白頭髮是跡象

曾看過有人面對極大壓力時，幾天之內頭髮就灰白了嗎？這可不是說假的，兇手就是過氧化氫，也就是雙氧水，但它並非來自外在環境，而是在人體內產生的。

當面對壓力時，身體會產生大量的正腎上腺素及多巴胺。MAOA 基因需要將它們排出體外，因而產生自然的副產物，就是過氧化氫。然後接著由穀胱甘肽，也就是身體的主要排毒化合物，來代謝那些副產物。

而當你持續面對龐大的壓力時，MAOA 基因會加速排掉大量的壓力性神經傳導物質，必要時，甚至會比平時更快三倍，以致產生過量的過氧化氫。雖然穀胱甘肽試著跟上它的速度，但卻遺憾地失敗了。因為身體要產出穀胱甘肽並不是太容易，最後，過量的過氧化氫勝出了，改變了你的髮色，頭髮漸漸變成灰色；如

果情況持續下去，龐大的壓力甚至會讓你白了頭。

我多希望這只是影響外觀，但它不是。大量的過氧化氫不只會改變髮色，也會傷害大腦，容易造成行為問題──情緒不穩、記憶問題、不耐煩，以及具侵略性，甚至造成神經問題，例如肌萎縮性脊髓側索硬化症（amyotrophic lateral sclerosis，簡稱「ALS」）、帕金森氏症或阿茲海默症。

換言之，壓力是個嚴重的問題。找到減壓及紓壓的方法，以及服用維他命或減少接觸有毒物質，都對健康一樣重要。

紓解壓力的原物料

為何當面對壓力時，會渴望碳水化合物和甜食呢？原因有很多種，但我們先談談跟 MAOA 基因有關的原因。

正如我們之前討論的，MAOA 酶會製造血清素。為了製造血清素，它需要色胺酸，而碳水化合物含有豐富的色胺酸。沒錯，色胺酸也存在蛋白質中，但那些色胺酸無法輕易進入腦部。

為什麼色胺酸如此難搞？因為它會按照狀況產生不同的作用：一是當情緒變得平靜，同時緩和身體發炎的情況，這時色胺酸會用來製造血清素。另一種情況是，你會更緊張，或嚴重情況更加發炎，這時色胺酸會用來製造喹啉酸（quinolinic acid），是一種會傷害大腦的物質。

因此，當你面對繁重壓力時，或身體有慢性發炎或慢性疾病的問題時，你便會渴望碳水化合物。由於色胺酸太快被偷光了，

即使 MAOA 基因不是生來就有問題，也會因此被汙染。

　　要記住，這不只是色胺酸。當體內的色胺酸濃度下滑時，血清素濃度也會跟著降低。你會突然感到憂鬱，狂吃巧克力和碳水化合物，就像凱莎一樣。接著，隨著血清素濃度下滑，身體沒有足夠的血清素，來製造褪黑激素，所以你變得難以入睡。這樣聽起來很耳熟嗎？

　　想要保護色胺酸，關鍵在於找出壓力因素，同時避免因發炎而起，或伴隨著炎症出現的慢性疾病。

做哪些事會汙染 MAOA 基因？

慢速 MAOA 基因

■ 太多的色胺酸。

■ 太少的核黃素／維他命 B2。

快速 MAOA 基因

■ 太少的色胺酸。

■ 太多的核黃素／維他命 B2。

慢速及快速 MAOA 基因

■ 太少的穀胱甘肽。

■ 慢性壓力：

　1. 生理壓力，比方說血糖失衡、感染、酵母過度生長、小腸細菌過度生長、腸漏症，以及其他會持續對身體帶來生理負荷的健康問題，包含呼吸不當。

2. 心理壓力，比方說工作量大，或者家庭生活或個人生活持續對身體帶來的情緒負荷。

■ 慢性發炎：

1. 飲食造成：飲食過量，或吃下會致使過敏或不耐受的食物。

2. 慢性身心壓力造成。

3. 慢性疾病造成，比方說肥胖／體重過重、心血管疾病、糖尿病、自體免疫疾病及癌症，這些不只會造成發炎，更會使病況惡化。

憂鬱症藥物，只有「OK 繃」的效果

數以百萬計的美國人都有憂鬱症，每年得花數十億美元，為了找出能反轉憂鬱的藥物。我現在就告訴你：憂鬱症是一種很複雜的疾病，雖然研究指出原因來自神經傳導物質失調，但真正的兇手不只一位。藥品公司已經多次來回研究 MAOA 酶，也已經成功開發出能減緩這個基因的藥物，讓血清素能在腦部停留得更久，以便幫助病患戰勝憂鬱症。

是怎麼辦到的呢？對大部份的用藥病患來說，藥物並沒有發揮作用。造成憂鬱症的真正問題是炎症及壓力，所以病因並非血清素低落，而是病人不夠健康。慢性疾病才會導致憂鬱症。

透過「基因修復療程」，我們將會一起大幅降低壓力和發炎

情況。經過四週的療程後，你的情緒應能依照你想要的方向，以及你應得的方向前進。

　　當然，在未得到醫師的許可前，別停止服用單胺氧化酶（MAO）抑制劑，或任何類型的抗憂鬱或抗焦慮藥物。如果你自行停藥或戒斷藥物，可能會讓自己面對更大的麻煩事。

修復 MAOA 基因的營養素

　　為了讓 MAOA 基因正常運作，你需要兩種化合物：維他命 B2 及色胺酸。

　　維他命 B2：肝臟、羊肉、蘑菇、菠菜、杏仁、野生鮭魚、蛋類。

　　色胺酸：菠菜、海菜、蘑菇、南瓜籽、蕪菁葉、紅萵苣、蘆筍。

　　我在這邊再次建議你，一定要多吃、經常吃這些食物，好過服用補充品。比起任何其他形式的營養素，身體永遠會用雙手歡迎新鮮的原形食物。要記得的是，比起吸收碳水化合物中的色胺酸，身體無法那麼容易吸收蛋白質中的色胺酸。

如何幫助 MAOA 基因發揮功用？

　　第 6 章的瑪戈和布雷克是透過自覺，來控制 COMT 基因，記得嗎？

嗯，自覺也是你控制 MAOA 髒基因的關鍵。無論你擁有快速或慢速的 MAOA 基因，都必須留意特定的警訊，是基因正在告訴你得慢下腳步，並多幫忙它們一些。

我們都有各自專屬的警訊，即便得花點功夫來解讀它們。我已經請凱莎和馬庫斯找出他們的警訊，也就是接下來的列表。你也有一樣的警訊嗎，或是你能試著列出警訊嗎？

快速 MAOA 基因（給凱莎的警訊）

- 我得吃那條巧克力！
- 我幻想自己正在吃那塊甜點！
- 我又開始覺得憂鬱了。
- 我又半夜醒來，得吃點零食才睡得著。

慢速 MAOA 基因（給馬庫斯的警訊）

- 又是整晚盯著天花板看，就是睡不著覺。
- 我老是為了瑣事發火。
- 我無法冷靜。這表示我已經失控了，加上吃不好、睡不好，或是壓力，讓我把事情搞砸了。
- 我又犯頭痛了，這個情況其實已經好一陣子。我正在想辦法找出頭痛發作前，是不是會出現哪些警示？
- 常屏住呼吸或呼吸得非常淺，尤其當我專心或努力工作時。

　　當你逐漸建立自覺，會開始發現你能做些事情，來打破這個壓力模式，並止住慾望。

　　凱莎靠的是餐餐吃蛋白質，以及上班時吃點冰箱裡的高蛋白點心。我希望她別吃零食，但如果要吃，吃些蛋白質，都好過那些充滿糖分或澱粉的食物。她知道自己晚餐時，得吃點富含色胺酸的食物，因為她的身體特別需要血清素和褪黑激素。

　　當凱莎修復基因時，她也發現自己毫不費力瘦了下來，而且第一次就辦到了。過去，凱莎常常得靠意志力來減重，可惜每次計畫都只維持了一個月，然後又開始放縱自己了。

　　她是怎麼辦到的？首先，凱莎每餐都吃蛋白質，而且不能等到餓了才用餐。這麼做讓她擺脫對碳水化合物和甜食的渴望，這表示她的血糖穩定，新陳代謝也正有效運作，進而改善了她的情緒。最後，由於她的細胞獲得足夠的燃料，新陳代謝也跟著進步了。這種這種不用過度飲食，也能得到的飽足感，凱莎太喜歡了，接著她更興奮地發現自己體重減輕了！

　　我也說服凱莎，開始練習一些釋放壓力的技巧，包含深層呼吸、聆聽音樂，以及離開現場。

　　每當馬庫斯發覺自己變得不耐煩，尤其在家裡的時候，也是靠著暫時離開現場。現在他已經知道，基因是讓他易怒的主因，所以他得緩和基因。他會出去快走五分鐘，或是離開現場，這些做法都能幫助他平復情緒。他也特別留意他的心情、呼吸及身體狀況。

　　「我已經明白了，當我工作壓力太大的時候，我必須更加注

意飲食和呼吸，」他告訴我。「等到休假時，我會比較放鬆，這時候飲食可以不用太計較也無所謂。」

GST 基因／GPX 基因：排毒優劣的能力

第9章

引起的病症：

- 阿茲海默症 ✓
- 肌萎縮性脊髓側索硬化症（ALS）
- 焦慮症 ✓
- 自閉症 ✓
- 自體免疫疾病，包含葛瑞夫茲氏病、橋本氏甲狀腺炎、多發性硬化症、類風濕性關節炎 ✓
- 癌症 ✓
- 化學物質敏感症 ✓
- 慢性傳染病，比方說肝炎、黴菌反映、人類皰疹病毒第四型（又稱艾伯斯坦-巴爾病毒）、幽門螺桿菌，以及萊姆病
- 克隆氏症 ✓
- 憂鬱症 ✓
- 第一型及第二型糖尿病 ✓
- 濕疹
- 疲勞 ✓
- 纖維肌痛
- 心臟病 ✓
- 高血壓 ✓
- 聽力損失
- 同半胱胺酸過剩 ✓
- 不孕症 ✓
- 克山病（一種心臟問題）
- 精神障礙：重鬱症 ✓ 躁鬱症、思覺失調症及強迫症 ✓
- 偏頭痛 ✓
- 肥胖症 ✓
- 帕金森氏症 ✓
- 妊娠併發症
- 牛皮癬 ✓
- 癲癇
- 中風 ✓
- 潰瘍性結腸炎 ✓
- 視力喪失 ✓

對任何氣味都受不了的梅根

當我第一次跟梅根見面時，她說她已經面臨崩潰邊緣了。

「家人都覺得我太敏感了，」她告訴我。「我的孩子總是笑我，連我先生都賞我白眼。只因為一丁點大的事情，都可能會讓我生病。每次我從乾洗店領衣服回家，我都能聞到上面的化學藥劑。我已經放棄買只能乾洗的衣服了，可是上禮拜我們去參加一場婚禮，我先生穿了剛乾洗好的西裝。一路上我都快暈車了，整臺車都充滿了臭味！」

我問梅根是否對其他東西，也會有這麼強烈的反應。

「你有多少時間呢？」她問，接著開始細數一連串的名單，包含了芳香劑、烘衣紙、清潔噴劑、香水、洗髮乳、肥皂、油漆、農藥、車輛廢氣、新鋪設的柏油路、除草劑等……

「無論我到了哪裡，都逃不了化學物質的攻擊，」她哀傷地說。「就連最少、最稀的量也會讓我不舒服。我先生連鬍後水都不能用，更別說擦古龍水了。我們只能買無香精的洗髮乳和肥皂，甚是孩子也得這麼用。每次我們去拜訪我媽或阿姨，如果她們正好點了香氛蠟燭，可就不妙了！」

梅根說著便紅了眼眶。

她絕望地說。「他們不只嫌我像個『評判氣味的法官』，甚至認為我是在胡謅。但我自己知道真的有什麼東西，我已經再清楚不過了！我的皮膚會變得粗糙，而且又紅又癢的，那種感覺真的好差，而且只要我聞到那種氣味太久，我會頭痛到快暈過去，還會快呼吸不到空氣。我不確定這是否有關係，但每次我以為我

的體重終於能減輕一些了，結果並沒有。」

我在梅根臉上看見堅定的表情。「安靜又清新的空氣，我只要求這個，」她說。「我們為什麼需要這麼多化學劑呢？」

GST 基因與 GPX 基因：解毒雙寶

人的身體有兩個解毒基因：GST 基因和 GPX 基因，這兩個基因被汙染的方式也很相似，要保持乾淨的方式也很雷同。這兩個基因對人體都有不可置否的重要性，能幫助我們趕走麻煩的化合物！由於這兩個基因無法單獨討論，所以我用同一個章節來說明。

GST／GPX 基因負責體內解毒

如果你們還記得第 1 章看到的凱莉，那位老是泛淚又流鼻水的病人，就應該知道 GST 基因或 GPX 基因，能對你們做出什麼樣的好事了。而對氣味超級敏感，也對化學氣味有強烈反應的梅根，也是這兩個基因的受害者。GST 基因和 GPX 基因都不能小看了！如果你認為剛才的描述很符合你的情況，我必須大聲且清楚地說：這絕對不是胡謅！你正在與髒基因纏鬥，而且它還是負責管控穀胱甘肽的基因。正如我們先前一再提到的，穀胱甘肽對身

心健康來說，是一種非常強大的物質。

　　如果體內穀胱甘肽的濃度得宜，就好比是一座難攻易守的碉堡。你的免疫系統能獲得一位強壯的門將，這種生化物質能阻止毒素和工業化學物引起的免疫反應。當你擁有足夠的穀胱甘肽，身體就能應付工業化學物，儘管那些化學物日漸佔據了你的周遭環境。

　　我們每天都會接觸無數工業化學物和重金屬，從室內（外）空氣、食物、飲水，以及絕大多數的居家和辦公室產品：傢俱、影印機墨水、地毯、床墊、烹調用具、清潔用品、個人護理用品（包含洗髮乳、乳液和化妝品），還有一個需要特別強調的，我們每人每天都會接觸的塑膠！塑膠！塑膠！我們儲存食物用瓶罐，正是塑膠做的，從收銀員手中遞出的發票也有塑膠。塑膠用來儲存及烹調我們的食物，我們也用塑膠來盛裝「過濾後」的「淨水」。我們的生活幾乎無法徹底避開塑膠，而每當你接觸它們，就是接觸毒素。

　　SNP 已經擁有好長一段歷史了。它們順應了物競天擇，曾幫助過我們的祖先，面對各種環境的挑戰。但想想看，這些化學物、加工食品、有害藥物、高壓工作、尖峰交通量和超級細菌，存在這環境中的歷史有多長呢？

　　一百年嗎？還是一百五十年呢？

　　SNP 的歷史可悠久得多了─很可能從人類出現在這個星球起，就已經存在了。

　　那麼什麼改變了？為什麼人們會出現更多種的疾病呢？我們

的基因並沒有改變這麼多，所以改變一定就來自周遭環境、選擇的生活方式和食物。

　　環境中的化學物質會傷害每一個人。如果你接觸工業化學物和重金屬的時間夠長，或大量接觸，就會大幅增加罹患嚴重慢性疾病的風險。

GST／GPX 基因的小檔案

- **GST 基因的主要機能**

  製造 GST 酶，負責促進身體傳遞穀胱甘肽（人體的主要解毒劑）至潛入體內的異生素（xenobiotic），也就是環境中有害的化合物，藉由尿液將這些化合物排出體外。

- **GST 髒基因會帶來的影響**

  頑劣的 GST 基因會無法讓穀胱甘肽依附到異生素上，倘若你正接觸大量的化學物，麻煩可就大了。

- **GST 髒基因的跡象**

  常見徵狀包含了對化學物質的過敏反應（比方說鼻塞、流鼻水、流淚、咳嗽、打噴嚏、疲倦、偏頭痛、長紅疹、蕁麻疹、消化問題、焦慮、憂鬱及腦霧）、炎症惡化、高血壓和體重過重／肥胖症。

- **GST 髒基因的潛在優勢**

  雖然所有人都無法抵抗工業化學物，但因為你們又更加脆弱，所以你們能更快察覺不對勁，進而促使你們捍衛健

康。你們對化療的反應也比較好，因為你們的 GST 基因無法輕易地排除這些化學物。

· **GPX 基因的主要機能**

GPX 基因會生成 GPX 酶，有助將穀胱甘肽依附到過氧化氫（是一種身體做出壓力反應後的副產物），因而能將它轉換為尿液排出體外。

· **GPX 髒基因會帶來的影響**

頑劣的 GPX 基因會讓我們無法有效利用穀胱甘肽，也就無法將過氧化氫轉換為液體。倘若過氧化氫濃度過高，就會干擾體內的甲基化循環。

· **GPX 髒基因的跡象**

常見徵狀包含少年白、情緒不穩、慢性疲勞、記憶力問題、易怒和激進。

· **GPX 髒基因的潛在優勢**

濃度越來越高的過氧化氫，讓你更快能察覺不對勁，也更主動採取行動。

能停止白髮的 GPX 基因

正如我們在前一章看到的，當 MAOA 基因排除體內的壓力性神經傳導物質時，會使人體製造出過氧化氫。當面對龐大壓力

時，身體就會製造更多的過氧化氫。因此，大量的過氧化氫就會改變髮色，也會傷害髮質。

所以 GPX 基因就能幫助穀胱甘肽，將過氧化氫轉換為人體無害的水份。然而，如果缺乏足夠的穀胱甘肽，就可能帶來各種潛在危險，不只讓頭髮變白，更會損害腦部。

因此，別讓 GPX 基因的負荷過重，而汙染這個基因。這也是為何紓壓是如此重要：當你面對越多壓力時，身體就會分泌更多過氧化氫，也就需要更多的穀胱甘肽。

所以飲食的重要性才這麼非同小可。因為當我們面對壓力時，往往會傾向吃碳水化合物、高脂食物和糖分，都是些會加速消耗穀胱甘肽的東西。

這個惡性循環會造成什麼狀況呢？壓力會增加過氧化氫，會讓你渴望碳水化合物，進而又增加過氧化氫的濃度。壓力和碳水化合物都會危及體內的穀胱甘肽含量，更不幸的是，威脅可不只有它們兩個。

當患有任何類型的傳染病時（病毒、細菌、黴菌、酵母菌或寄生蟲）就會出現更棘手的問題。屆時你的免疫系統會奮力抵抗，過氧化氫就是抵禦那些傳染病的武器之一。這表示當你生病或罹患慢性傳染病時，耗盡穀胱甘肽的結果，接下來就換你和你的身體受到傷害。

認識 GST／GPX 髒基因

如果你已經完成了「基因檢測清單一」，你已經知道 GST 基因或 GPX 基因是否為髒基因了。或者，你也可以透過回答以下的問題：

☐我有（或曾有）不孕症。
☐對化學物及氣味很敏感。
☐蒸氣浴或激烈運動後，我會覺得好很多了。
☐就算我正常飲食，也很容易變胖。
☐有癌症的家族病史。

沒錯，是癌症。我並不想嚇你們。事實上，我希望在你們知道能怎麼做，才能修復 GST／GPX 基因後，也會跟我一樣興奮。但如果沒有，癌症也只是一種可能性。我們可以一起努力阻止它發生。

GST 基因有很多種類，每一種都負責不一樣的工作。這些基因主要居住在腸道和肝臟內，不過微生物體也有自己的 GST 酶。事實上，微生物體正是人體擺脫異生素的主要負責人。你可以把微生物體想成是支持 GST 基因的關鍵，一定要好好保護它！

做哪些事會汙染 GST／GPX 基因？

■ **接觸大量工業化學品、重金屬、細菌毒素和塑膠**：你得盡

可能減輕 GST／GPX 基因的化學負荷，才能讓基因發揮最
佳功效。

- **壓力**：當面對身心壓力時，身體就需要更多的原料，以利
進行甲基化循環，但卻又無法發揮出正常功能，這表示製
造穀胱甘肽的原料就會不夠。壓力會用驚人的速度，汙染
你所有的基因。

- **不順暢的甲基化循環**：當甲基化循環發生問題時，就難以
製造出身體所需的穀胱甘肽，也就會讓 GST／GPX 基因的
工作更繁重。

- **核黃素／維他命 B2 不足**：我們需要利用核黃素，將不完整
且失效的穀胱甘肽，重新生成為完整且有用的穀胱甘肽。
此時如果你沒有攝取足夠的富含核黃素的食物，穀胱甘肽
的生成速度就會跟不上。而少了有功能且健康的穀胱甘肽
的你，將無法把工業化學物質及過氧化氫排出體外。因
此，GST／GPX 基因就得更奮力對抗那些化學物質的攻
擊。

- **硒不足**：穀胱甘肽需要硒，才能將過氧化氫轉換為水分。
因此少了硒，GPX 酶就無法排除過氧化氫了。

- **半胱胺酸不足**：許多營養的食物裡都有半胱胺酸，我們體
內的同半胱胺酸也會製造半胱胺酸，它是穀胱甘肽的重要
成分之一。正如你現在已經知道了，倘若 GST／GPX 基因
無法獲得足夠的穀胱甘肽，就完全無法發揮作用了。

穀胱甘肽是身體的抗氧化劑

我們的身體會燃燒氧氣來產生能源，這是件好事，但過程中會產生各種有害化學物質。

接下來是更詳細的答案。人體是在線粒體（mitochondria）內燃燒氧分子製造出主要的能源載體，也就是三磷酸腺苷（adenosine triphosphate，簡稱為「ATP」），就像是人體細胞的發電廠一樣。但燃燒的過程也會製造大量的有害副產物，包含了自由基。為了避開那些副產物，線粒體需要大量的穀胱甘肽，否則就無法製造足夠的 ATP，種種的健康問題（上面提到的）便會接連浮出水面。長話短說：穀胱甘肽是人體機能的關鍵。

猜猜看還有哪些東西也損耗穀胱甘肽以修復身體呢？答案是致炎食物。尤其是糖分和不健康的脂肪，以及過度飲食。過度飲食會產生一種致炎化合物，就是甲基乙二醛（methylglyoxal），糖尿病人以及採取高蛋白飲食和生酮飲食的人體內都會有比較高的濃度。穀胱甘肽能做的就是將甲基乙二醛轉換為無害的乳酸，藉此來捍衛人體健康。

1. 穀胱甘肽與減重

當體內累積了越多的工業化學物、氧化壓力和毒素，體重也會逐漸往上攀升。因此，清除體內有毒廢物有望維持苗條身材。我有病人單靠減少接觸化學品，就已經瘦了二到五公斤。化學是複雜的學問，但結論很簡單：當基因不再過度負擔，或者當你排

除身上累積的穀胱甘肽後，你會發現要達到理想體重，原來一點也不困難。

　　這有可能嗎？試著把細胞和基因的行為想成是燃料和工具。當粒線體會像消耗燃料般地，燃燒攝取下肚的卡路里，你就能達成理想的體重了。倘若你的穀胱甘肽濃度太低，粒線體就無法順利運作。所以那些沒被消耗掉的燃料會去哪呢？正是你的腰圍。提供粒線體足夠的穀胱甘肽，你就能維持理想體重。這是要持續一輩子的合夥關係。

2. 穀胱甘肽幫維他命 B12 黏著

　　維他命 B12 是非常重要的營養素，能預防貧血、供氧細胞，及防止神經受損。

　　但光是攝取維他命是不夠的，需要靠載體蛋白將營養素送入細胞內，穀胱甘肽就像膠水，能幫助維他命 B12 攀附在載體上。所以如果穀胱甘肽濃度太低，即便你攝取了所需的維他命 B12，營養素也運送不到需要它們的地方。讓我再強調一次，解鈴關鍵是穀胱甘肽。

3. 穀胱甘肽完成甲基化循環

　　甲基化循環得依靠穀胱甘肽。當過氧化氫濃度增加，且重金屬持續滯留體內時，甲基化循環就會停頓下來。倘若你有髒的 GST／GPX 基因，甲基化循環也會被汙染。穀胱甘肽就是促進完成甲基化的關鍵。

4. 穀胱甘肽與腦部疾病

　　我們都需要穀胱甘肽，來讓腦部分泌多巴胺和血清素。這也難怪當穀胱甘肽濃度低落，總會導致如此多種的心理問題和神經疾病，包括了肌萎縮性脊髓側索硬化症、重鬱症、躁鬱症、藥物成癮、強迫症、自閉症、思覺失調症及阿茲海默症。

5. 穀胱甘肽促進心臟健康

　　促進心臟和血管健康，你需要靠關鍵化合物，一氧化氮（nitric oxide）。當穀胱甘肽濃度下降時，製造一氧化氮的效能也變差；因此，心臟和血管也無法發揮應有的機能。所以穀胱甘肽是心臟健康的關鍵。

6. 穀胱甘肽擊退傳染病

　　穀胱甘肽能幫助免疫系統，有效擊退傳染病。當穀胱甘肽濃度下降時，往往會導致自體免疫疾病，也就是，我們的身體不會去攻擊傳染病菌，而是來攻擊自己，結果是造成炎症。簡言之，少了穀胱甘肽的你，無法有效殺死傳染病菌，發炎的情況就會惡化。此外，正如心臟，免疫系統也需要用一氧化氮，來對付傳染病。當穀胱甘肽濃度低落時，因為無法產生一氧化氮去對抗受到感染的地方，所以身體就會持續發炎。

修復 GST／GPX 基因的營養素

GST／GPX 基因會負責將抗氧化劑穀胱甘肽，轉換為需排出體外的化學物和化合物。半胱胺酸是製造這支抗氧化劑的重要成分，它是一種含硫的氨基酸，而且它是許多人都缺乏的營養素：

半胱胺酸：紅肉、葵花籽、雞肉、火雞肉、蛋、花椰菜、高麗菜、白花椰菜、蘆筍、朝鮮薊、洋蔥。

你也需要攝取核黃素，才能將受損的穀胱甘肽恢復為可隨時派上用場的抗氧化劑。否則，受損的穀胱甘肽依然不完整─也會進而造成你的細胞受損。

核黃素／維他命 B2：肝臟、羊肉、蘑菇、菠菜、杏仁、野生鮭魚、蛋。

最後一樣是硒，GPX 基因需要它，這也是許多人缺乏的微量礦物質：

硒：巴西堅果、鮪魚、比目魚、沙丁魚、牛肉、肝臟、雞肉、糙米、蛋。

營養充足和硫平衡製造穀胱甘肽

人體需要很多很多的硫，來維持血液循環和健康的關節、修復腸內壁，以及代謝荷爾蒙和神經傳導物質。製造穀胱甘肽，也一樣需要硫。這些硫主要來自飲食中的蛋白質和十字花科蔬菜，包含富含半胱胺酸的食物（如上面提到的含硫的氨基酸）。

耐受硫。原因可能出自不友善的微

雞蛋的味道，就是當你的腋窩、口

磺異味時，可能就是體內的硫化氫

必須避免攝取高硫的十字花科蔬菜，同時停止服用任何的硫基補充品，例如甲基硫醯基甲烷（methylsulfonylmethane，簡稱為「MSM」）或 N-乙醯半胱胺酸（N-acetyl cysteine，簡稱為「NAC」）。請醫生進行腸胃道系統綜合分析（comprehensive digestive stool analysis，簡稱為「CDSA」），檢查微生物體發生了什麼問題。

無論是什麼原因造成你不耐受硫，從飲食中排除硫類食物，絕非治本之道。雖然低硫飲食一開始會讓你覺得舒服些，但長期下來會造成更嚴重的缺硫症。

我看過數不清的病人，在飲食上無法均衡攝取硫素。例如珍娜，她有慢性頭痛、頭暈、全身痠痛和流鼻血的問題，加上她每次用完餐後，情況又更嚴重。我看過了她的飲食內容和營養補充品後發現，因為她剛好在進行高蛋白的消化道痊癒飲食法，讓她攝取了大量的硫。此外，她還服用了一種 MSM 補充劑，來幫助緩解關節疼痛和修復腸道，以及另一種 NAC 補充劑，來刺激過低的穀胱甘肽濃度，而這兩種補充劑讓她體內的硫濃度又更高了。她體的內硫量已經超標了！

透過停止服用含硫補充品和減少攝取蛋白質，才降低硫的濃度，也趕走那些症狀。然而過了兩個月後，珍娜還是回來了。

「我覺得自己好需要空氣，」她告訴我。「我無法呼吸！情況越來越糟糕。」

我告訴她這是因為，她現在的硫濃度太低了。她的肺需要足夠的硫化氫才能進行呼吸。

「妳現在經歷的是溜溜球效應，」我說。「妳現在的身體正處於極端的情況下，繼續低硫飲食將會耗盡體內的穀胱甘肽。這是因為現在妳的身體正在拆解穀胱甘肽，好取出身體需要的硫。所以低硫飲食的結果，就是缺硫以及穀胱甘肽。」

我為珍娜想出了全新的飲食計畫，並教她利用間歇法來使用營養補充品，我們稍後會在第 12 章一起學習這個。這種間歇法可以找出需要補充營養的時機，以及改變劑量或停用營養補充品的時機。

兩天後我接到珍娜的電話：「神奇！簡直太神奇了！我又能呼吸了！我現在知道間歇法了，我會繼續一邊注意自己的感覺，一邊調整飲食內容和需要的補充品。我覺得終於自由了。謝謝你！謝謝！」

如何幫助 GST／GPX 基因發揮功用？

跟凱莉一樣，我要讓梅根知道她還是充滿了希望。紅疹、頭痛以及家人的嘲笑，絕不會成為她一輩子的痛苦。

我提醒梅根，越是大量接觸異生素、自由基、活性氧類、糖分、過量脂肪和蛋白質，她就需要更多的穀胱甘肽。製造並回收

穀胱甘肽是繁重且複雜的程序，需要相當多的基因和酶協力合作完成。所以，為了減輕症狀且修復她的基因，首先她得著手清理周遭環境及飲食內容。

我還提醒梅根，要是 GST 基因和基因 GPX 變得更糟，細胞的表現也就會更糟糕，而細胞機能低落正是導致她那些慢性症狀的原因。

這裡有幾個方式，讓梅根可以開始修復 GST／GPX 基因：

- **吃大量的纖維：**我們的微生物體非常歡迎大量的纖維呢！那些腸道細菌會吃掉無法消化的纖維，然後才能幫助身體解毒。纖維會促進產生解毒酵素，它也會纏住異生素。一旦纖維勾住了那些化學物質，就能藉由排便將它們通通排出體外。問題也就解決了！但除非：如果你有小腸細菌過度生長，現在的你就不該吃更多的纖維。你得先處理小腸細菌過度生長的問題。

高纖食物

- 朝鮮薊
- 酪梨
- 黑豆
- 黑莓
- 花椰菜
- 球芽甘藍
- 奇亞籽

- 亞麻籽粉
- 扁豆
- 皇帝豆
- 燕麥片（選用無麩質）
- 水梨
- 豌豆
- 覆盆莓

■ 裂莢豌豆

- **清理周遭環境：**每當我們飲食、呼吸或碰觸到工業化學物質，都會再次增加身體的負擔。越是避免接觸那些東西，身體自然就能減少解毒的工作量。
- **進行環境黴菌評估：**如果清理飲食、空氣、用水和產品後，你依舊還有很多徵狀的話，可能得找專家到家中、工作場所、車內，以及你會長時間逗留的場所，進行黴菌檢測。
- **高強度的運動：**身體有四種排毒途徑—呼吸、排尿、排便及排汗。前三樣我們應該都能正常運作。接下來，你要每週至少流汗兩次，方式有很多種，從提神到超級舒服的各種活動：蒸氣浴、瀉鹽浴、高強度運動、熱瑜伽、做愛等等。
- **隨時留意：**知道自己對化學物質很敏感，一定要持續避開它們。同時，也要知道他人跟你不同，要說服心生懷疑的家人或懷有疑慮的朋友，可不是容易辦得到的事情。但首先，你得相信自己。
- **種植花椰菜苗和蘿蔔芽：**我得先警告你，它們嚐起來有強烈的味道！但你的穀胱甘肽會得到很大的幫助。這是芽苗菜合力帶來的效果。對你來說，剛發芽第三天的花椰菜苗是最營養的食機。

　　梅根也擁有了更健康的身體。她已經確實減少接觸有毒的化學物質，但接下來我要幫助她，找出其他遺漏的地方。

　　戎的工作，就是幫助身體從呼吸、排尿、排便及排汗來解毒。所以她開始專注在正常地呼吸、規律地補充水分、吃更多的纖維，以及每週兩次蒸氣浴。「我可以感覺到，毒素正流出我的身體，」第二次會面時，她這麼告訴我。「這真的是最棒的事情了，而且非常舒服！」

第10章　NOS3 基因：心臟健康的關鍵

引起的病症：

- 阿茲海默症√
- 心絞痛
- 氣喘 √
- 動脈粥狀硬化
- 躁鬱症 √
- 腦缺血
- 乳癌√
- 心血管疾病
- 頸動脈疾病
- 慢性鼻塞 √
- 冠狀動脈疾病
- 憂鬱症 √
- 第一、二型糖尿病 √
- 糖尿病腎病變
- 糖尿病視網膜病變
- 勃起功能障礙（有時可當作心血管疾病的早期病兆）
- 高血壓 √
- 左心室肥厚
- 炎症
- 慢性腎衰竭
- 代謝症候群（或稱「X 症候群」）
- 習慣性流產
- 心肌梗塞 √
- 神經系統疾病，包含肌萎縮性脊髓側索硬化症（簡稱「ALS」）
- 肥胖 √
- 子癇前症
- 前列腺癌√
- 肺高壓
- 思覺失調症 √
- 睡眠呼吸中止症√
- 鼻鼾
- 中風√

過去從事建築業。因為曾受過傷，所
魯他減少了那些體力活後，血壓也漸
爾會偏頭痛，但是現在每週只會發作

　　魯迪是 NOS3 基因出了問題，這種基因經常與心血管疾病和偏頭痛有關係。正如第 1 章看到的傑莫，因為魯迪也有心臟病的家族史，所以很擔心，他的祖父正是死於心肌梗塞，他的父親有高血壓的問題，而他的一位叔叔則是中風離開了。

　　我向魯迪再三保證，我們扭轉這看似「基因般的命運」，尤其是要修復 NOS3 基因。NOS3 基因是一氧化氮的製造中樞，而這個物質能維持我們的血管擴張。當 NOS3 基因被汙染時，就無法有效製造一氧化氮，因此血管會開始收縮，身體就無法正常地透過血液輸送氧分子。

　　「你可以這樣想，」我告訴魯迪。「細胞跟你一樣需要呼吸，不然很多的細胞就會死去。你的血流會負責將血液和氧分子傳送至所有的細胞。所以當血管變緊了，細胞就無法獲得足夠的血液或氧分子他們就無法呼吸了。」

　　魯迪點了點頭。

　　「好，」我繼續說下去。「我們體內大部分的氧都是心臟要用的，幾乎是全部的氧，即使像你現在這樣靜靜地坐著。如果心臟細胞無法呼吸，會發生什麼事呢？少了它們需要的氧，很多細胞都會死亡。如果那些陣亡細胞達一定程度時，你可能會心絞

痛，甚至心肌梗塞。」

　　我接著說明人體排名第二的耗氧器官—我們的大腦。如果大腦細胞無法獲得足夠的氧，它們也無法呼吸。當太多的腦細胞陣亡後，你就會有偏頭痛的問題，甚至可能導致腦損傷。

　　「最重要的是，」我告訴魯迪，「現在你血管的擴張程度並不理想。意思就是，它們輸氧量不足。這就是我們該處理的地方。」魯迪非常仔細聆聽，但我還沒說完。

　　「好，當體內的一氧化氮低落時，還會產生另一種影響，就是你的血小板會變『黏』。如果血液中的血小板開始黏在一起，便會開始形成血栓，而健康的人體並不需要血栓。這通常是緩慢且不易察覺的過程，但這也正是你的叔叔中風的原因。」

　　魯迪聽著我說，但他看起來有些動搖了。

　　「我現在要告訴你的是，如果我們不關掉生病的基因，可能會發生的後果，」我提醒他。「別擔心，我們正要開始修復你的NOS3 基因。但還有另一件事情需要你先明白，就是 NOS3 基因弄髒的意思，是你的身體製造新血管（用科學術語來說就是血管生成）的速度較緩慢。當我們在血管生成不理想時受傷了，好比說割傷或擦傷。身體就會難以生成額外的血管，來傳輸修復傷口所需要的營養素和氧分子，進而讓傷口癒合的速度變得更慢。」

　　魯迪又點點頭。「我工作上確實會容易割傷或擦傷自己，」他說，「醫生說我的傷口要比一般人更久才會好。」

　　「沒錯，」我說。「但要記住，我們可以徹底扭轉這個情況。」

現在換魯迪發問了。「那我的高血壓呢？這也有關係嗎？」

「當血管擴張不足時，血流就會對血管壁產生更大的壓力，」我解釋。

「這種情況即便在相當健康的人身上也會發生，我們稱它為原發性高血壓（essential hypertension）。在你退休之前，即便你的 NOS3 基因因為遺傳有問題，經常活動讓你呼吸更多的氧氣，促使血管得以擴張。現在的你活動量比較少了，NOS3 基因的影響才真正展現出來。」

魯迪是一個很棒的例子，說明了認識髒基因有多麼重要，雖然它們可能危及性命，但可以是不必然發生的。藉由正確的飲食、補充營養和生活方式，我們能改變整個情勢。

NOS3 基因為守護心臟而存在

如同我們已經看到的，NOS3 基因奮力地守護心臟，以及龐大的循環系統，進而影響循環系統負責照顧的所有器官。是個挺重要的基因。

有趣的是，醫生會拿憂鬱症當作獨立風險因子，來評估心血管疾病的風險。這是因為憂鬱時常與低落的多巴胺和血清素有關。你可以回想前面提過的，多巴胺是使人振作起來的神經傳導物質，讓你蓄勢待發迎接挑戰，以及讓你享受如同搭乘雲霄飛車或墜入愛河般的興奮感。血清素則是能讓你感到樂觀、冷靜和自信的神經傳導物質。

　　化學物質是 NOS3 基因汙染的主要途徑，雖然當下無法察覺化學物質對循環系統的影響，但你一定能發現它們影響了情緒。下次當你接觸到任何種類的化學品質，觀察看看心情是否有影響。如果有，那正是 NOS3 基因與腦內化學之間的互動影響，所以我們接下來將探討這個情況的發生原因。

NOS3 基因的小檔案

■ NOS3 基因的主要機能

NOS3 基因影響人體製造一氧化氮，也就是決定心臟健康的主因，進而影響血流和血管形成等程序。

■ NOS3 髒基因會帶來的影響

當你擁有頑劣的 NOS3 基因時，由於無法產生足夠的一氧化氮，血管無法適當擴張，血小板也變黏稠，就會引發血栓。

■ NOS3 髒基因的跡象

常見徵狀包含心絞痛、焦慮症、手腳冰冷、憂鬱症、心肌梗塞、勃起功能障礙、高血壓、偏頭痛、用嘴呼吸、鼻塞及傷口慢癒合。

■ NOS3 髒基因的潛在優勢

潛在優勢包含罹癌時減緩血管形成速度，也就是降低癌細胞的生長。

認識 NOS3 髒基因

剛才我們已經看到頑劣的 NOS3 基因會造成高血壓、心血管問題、血栓及中風，還有憂鬱症，它也會併發糖尿病。

如同眾所皆知，糖尿病會造成嚴重的血流和癒合困難。由於下肢冰涼，造成足部容易潰瘍，甚至得截除腳趾。糖尿病也會造成視力喪失。這些問題全都來自 NOS3 基因：一氧化氮不足造成血流減少，因此下肢、眼睛就無法獲得所需的營養和氧。為什麼？喔，當你罹患糖尿病的時候，血液中的胰島素濃度會一直很高，而且胰島素尤其會催促 NOS3 基因製造一氧化氮。

那通常是件好事，對健康的人來說也是如此。但如果 NOS3 基因並非天生有缺陷，糖尿病也會把它弄髒。此時的 NOS3 基因不會製造一氧化氮，而是製造超氧化物（superoxide），這是最危險的一種自由基。這種反應性物質會對人體造成各種破壞—結果導致糖尿病併發症。

NOS3 還會造成另一個危機，就是先天缺陷。在發育時期的胎兒成長迅速，因此媽媽需要生成新的血管，好讓寶寶能獲得新生細胞和組織所需的營養素。倘若頑劣的 NOS3 基因拖累媽媽生成血管的能力，胎兒的心臟就無法獲得所需的幫助，就可能形成先天性心臟病，而巧合的是，這是人類最常見的先天缺陷。

所以沒錯，接下來就是好好學習該如何修復它！前面完成的「基因檢測清單一」已經列出了一些徵兆，但以下還有其他因素，可以用來判斷你需修復 NOS3 基因：

☐有高血壓。

☐家人很多都有高血壓。

☐家人經常發生心肌梗塞。

☐曾經心肌梗塞。

☐因為糖尿病，導致我有很多血液循環問題。

☐經常手腳冰冷。

☐有中風的家族病史。

☐曾被診斷出子癲前症。

☐家人很多都有動脈硬化（動脈粥狀硬化）的問題。

☐我用嘴巴來呼吸。

NOS3 基因的連鎖效應

接下來一起看看 NOS3 基因有哪些因果關係。

1. 鼻塞和流鼻水

已經證實高血壓可能會導致鼻塞和流鼻水，那是因為人體無法吸取到足夠的氧氣，因而汙染了 NOS3 基因。

然而，鼻塞時不一定需要跑去買鼻噴劑，而是得找出問題來源並根除它。可能是因為 DAO 基因出了問題？或者食用乳製產品的反應？還是對某種食物或環境敏感呢？

罪魁禍首或許正是 NOS3 基因。鼻塞的原因可能是體內的一氧化氮濃度低落，而我們絕對不能讓這種輕微的呼吸問題升級成高血壓。

2. 手腳冰冷

許多人都有手腳冰冷的問題。喔，因為我們往往覺得手腳可以自然地變暖和，所以不必要老是帶著手套，或者常聽別人說，「喔天啊，你的手好冰！」

✓ 手腳過於冰涼正是 NOS3 基因的證據。倘若血液無法到達手腳指頭，這表示血管已經縮得非常緊了。透過修復基因療程，應該能大幅改善這種情況。

3. 用嘴呼吸

用嘴巴呼吸是相當沒有效率的充氧方式，而且當體內氧濃度低落時，還會把 NOS3 基因弄得非常骯髒。

促使用嘴呼吸的原因有很多種，其中一個可能性就是鼻塞。鼻塞會迫使你得用嘴巴來呼吸空氣，所以只要解決了鼻塞，就能解決這個問題了。

還有其他不錯的方式可以解決鼻塞煩惱，比方說找人檢測家中的黴菌、檢驗食物過敏或不耐性，以及清理 DAO 基因。當然也能透過修復 NOS3 基因，來解決某些種類的鼻塞問題。

但還有另一個可能性是，鼻息肉阻塞了你的鼻腔，特別是當你呼吸時，感覺鼻子有進氣不平均的狀況。鼻息肉的形成經常跟對周遭環境或食物過敏有關。可以透過手術移除鼻息肉，但如果過敏的問題沒有解決，它們可能還會長回來。

鼻中膈彎曲是造成用嘴呼吸的另一種常見原因。如果鼻中膈受到影響，醫生可能會告訴你，鼻塞的原因是它造成的。然而醫

生可能不會告訴你的是，只要解決了鼻中膈的問題，你就能正常呼吸了。神經顱骨重建（NeuroCranial Restructuring）是一種透過鼻腔調整顱骨板的非手術技術，可以有效解決大部分的鼻中膈彎曲問題。

　　其他會造成用嘴巴呼吸的原因，都跟臉部構造有關。舌繫帶就是相當常見的一種情況，由於舌頭連接到嘴巴底部產生的畸形，改變了臉部的構造，而導致患者會靠嘴巴來呼吸。如果發現嬰兒或幼兒是用嘴巴呼吸，你可以請泌乳顧問進行評估。舌繫帶可分成很多種情況—前舌帶粘連（較容易辨別）、後舌帶黏連（較困難辨別），以及上唇帶或下唇帶黏連（能清楚觀察到）。倘若嬰兒有含乳問題，或難以發聲某些字眼或吞嚥食物或藥丸時，原因很可能正是舌繫帶。

　　舌繫帶是可能矯正的，出生時是最理想的時機，但即使成年人也有機會矯正，所以先請牙醫檢查看看。如前面提到的，許多泌乳顧問對舌繫帶的非常熟悉，有時候只要小小一刀剪開就可以了，但大部份的病患都需要接受雷射手術。矯正成果非常顯著：改善呼吸、方便哺乳、說話較流利清晰、有助吞嚥食物—以及更幸福的 NOS3 基因。

4. 汙染、吸菸及壓力

　　即便你有天生乾淨的 NOS3 基因，壓力、吸菸和汙染都會弄髒它。這是因為 NOS3 基因需依賴一種由人體自製的物質，名為四氫生物蝶呤（簡稱「BH4」），而 BH4 很愛乾淨。如果身體累

積壓力或充斥毒素—包含尼古丁和工業化學物—體內的 BH4 濃度就會直直下墜。

　　少了 BH4，NOS3 基因就無法製造一氧化氮。如同我們之前看到的，NOS3 基因反而會開始製造超氧化物，會導致糖尿病併發症的危險自由基。不幸的是，不只是糖尿病患該擔心 BH4 濃度降低。如果缺乏 BH4，造成血流會減少，血小板就會變黏，心血管疾病的風險也就跟著增加了，無論有沒有糖尿病都沒差。

5. 神經系統疾病

　　當個人長久以來都苦於情緒障礙時，病根會日益根深蒂固，最終甚至導致神經疾病，例如帕金森氏症、ALS 或癲癇。正如憂鬱症跟心血管疾病的關聯性，它也跟神經系統失調有關係。倘若BH4 持續供應匱乏，導致產生超氧化物，你的大腦—也就是神經系統的「總司令」，就會不知不覺中，持續受到損害。請一定要留意，並及早發現徵狀！

NOS3 基因對女性的影響

　　NOS3 基因一旦被弄髒尤其會影響孕婦和停經婦女。讓我們一起來看看原因吧。

1. 孕婦的 NOS3 基因

　　女性在妊娠期間，體內會有較高濃度的雌激素和一氧化氮。

事實上，雌激素能幫助 NOS3 基因運作，並製造更多的一氧化氮。這些額外製造的一氧化氮是孕育胎兒時，生成心血管、預防發生血栓並增加血流的重要元素。

如果妊娠期間 NOS3 基因出了問題，習慣性流產、先天性缺陷和子癇前症的風險便會隨之增加。我想讓你們先了解這些風險，這麼一來才能在需要時，幫助自己的 NOS3 基因，也幫助自己懷好孕。

2. 停經婦女的 NOS3 基因

停經後的婦女罹患所有種類的心臟疾病，高血壓、血栓（中風）和心肌梗塞的風險都會大幅增加。如前面提醒的，這是因為雌激素會刺激 NOS3 基因，製造一氧化氮。然後停經後的雌激素濃度會減少，體內製造的一氧化氮也變少了，心血管風險也就增加了。所以這又是理應維持平衡且健康濃度的雌激素的另一個動機。

依靠藥物生成一氧化碳有危險

使它汀類藥物（statins）能有助刺激生成一氧化氮，同時幫助 NOS3 基因。在美國，這類藥物是處方藥物，醫生最常開立它們來降低膽固醇。但對於憑靠這類藥物來進行身體本來就能發揮的功能，我總是抱持懷疑的態度。畢竟，沒人天生下來就缺乏使它汀。

此外，使用這類藥物會帶來許多嚴重的副作用，比方說：

- 腹部絞痛或疼痛
- 腹脹
- 便祕
- 腹瀉
- 頭暈
- 嗜睡
- 排氣
- 頭痛
- 肌肉疼痛、無力或壓痛
- 噁心和嘔吐
- 紅疹
- 皮膚發紅
- 睡眠問題

使它汀類藥物也會造成更嚇人的後果，尤其是對年長者，包含記憶力問題、精神錯亂、血糖上升，以及第二型糖尿病。

有鑑於此，難道我們不該找出更自然的方式取代使它汀，來達到一樣的效果嗎？尤其已經有研究指出，如果有頑劣的 NOS3 基因，使它汀類藥物也可能無法發揮什麼作用。

治心絞痛的硝化甘油限於救急

當 NOS3 基因的機能運作不良時，醫生可能會開立硝化甘油（nitroglycerin(e)）。這種迅速見效的藥物，只要短暫地使用它就能救人一命。然而我不喜歡把它當作是心臟病的長期解藥。

硝化甘油的確會促進生成一氧化氮，有助血流。但有時候硝化甘油沒效，因為有些人對它沒反應，有些人則對它產生抗藥性。

為什麼會有這般差異呢？我敢打賭你已經猜到了，因為 NOS3 已變成髒基因了。如果髒的程度不大，且只需要一點點幫助，硝化甘油確實可以辦得到。然而，倘若你擁有超級髒的 NOS3 基因，而且需要很多的幫助，就算用了整桶的硝酸也無法產生足夠的一氧化氮量。這也正是為何硝化甘油對愛吸菸的癮君子通常起不了什麼作用。

所以，我完全贊成使用硝化甘油當作短時間內的解藥，它真的能救命。但長期下來，除了得修復 NOS3 基因之外，還得清理其他的基因。

與此同時，當你服用了硝化甘油後，如果發現效果越來越不如以往時，一定要把這個情況告知醫療專家，讓他們知道你的NOS3 酶可能正在「解偶聯」（uncoupling），我會在下一段解釋這個名詞的意思。

吃顆精氨酸補充一氧化碳，如何？

正如許多醫生會依靠硝化甘油解決心臟問題，也有許多醫生會使用精氨酸（arginine），這是一種存在動植物蛋白質中的氨基酸。精氨酸確實能幫助乾淨的 NOS3 基因。然而，如同硝化甘油，它對有頑劣 NOS3 基因的你不一定能起作用。實際上，如果 NOS3 基因已經解偶聯，硝化甘油和精氨酸都會讓心臟變得更難過。

解偶聯的 NOS3 基因代表體內的精氨酸和 BH4 不足。本該製造血管所需的一氧化碳，解偶聯後的 NOS3 基因反而製造超氧化物，而我們已經知道這是超危險的物質了。工業化學物質會耗損你的 BH4，但是是什麼導致精氨酸匱乏呢？

精氨酸不只是幫助 NOS3 基因，身體的其他功能也會有需要。舉例來說，當身體對抗傳染病且正在發炎時，正在戰鬥中的基因就會需要比平常更多的精氨酸。它們獲取的方式，就是向其他的基因「竊取」精氨酸，包括 NOS3 基因。當 NOS3 基因的精氨酸就越來越少，它便停止製造一氧化氮，轉而生成超氧化物。因為超氧化物會耗損 BH4，所以現在你的 BH4 濃度也變淡了。這樣的惡性循環，只會讓 NOS3 基因弄得更髒了。

另外，體內微生物體裡的特定種類細菌也會需要一定數量的精氨酸，才不會也向 NOS3 基因「行竊」。所以，這也是你該評估微生物體的另一個理由。

現在，你們或許會想，「好吧，沒關係，那我就吃顆精氨酸補充錠。」

NOS3 基因需要精氨酸和 BH4，缺一不可。要記住，BH4 是超級敏感的物質。它的舉止行為就好像你在碗裡發現了一隻蟲，就拒絕再吃碗裡的食物。基因只要沾染了一丁點的汙漬，BH4 就會拚了命地停下來。所以如果在 BH4 濃度下降的時候，你服用的精氨酸只會全用來製造更多的超氧化物。事實上，研究人員已經嘗試過，讓高血壓的病患服用精氨酸來增加體內的一氧化氮，結果沒效。

研究人員也曾嘗試用 BH4，來幫助 NOS3 基因和促進生成一氧化氮。補充 BH4 確實能幫助一些人，但其他人卻沒效果。

我的看法是這樣的，倘若一棟大樓著火了，你絕不能再往裡面送新的傢俱，因為不管是什麼物品，都只會被燒個精光。同樣的意思，如果人體的血液和系統已遭破壞，服用 BH4 補充劑一點意義也沒有。

那麼我們應該怎麼幫助 NOS3 基因呢？有三件事情需要你去做，而且是三件都一定要做，否則全部都無法起作用：

1. 補充足夠的精氨酸。
2. 維持穩定供應乾淨的 BH4。
3. 維持所有基因的整潔。

合成葉酸是你的敵人

前面我們已經看到合成葉酸對 MTHFR 基因，以及甲基化循環會產生多麼負面的影響。嗯，它也會危害 NOS3 基因。

首先，NOS3 基因會依賴一種名為 NADPH（菸鹼醯胺腺嘌呤二核苷酸磷酸）的物質。NADPH 也會供合成葉酸使用。所以當我們攝取越多的合成葉酸，越多的 NADPH 就會被拉走，就沒份留給 NOS3 基因用了。再來，由於體內的合成葉酸濃度增加，BH4 濃度就會跟著下降。

要記住，合成葉酸是人造物質，我們的身體機能本來就不是為了處理葉酸。雖然我們還是能處理它，只是得付出高額的代價。

做哪些事會汙染 NOS3 基因？

- 呼吸異常
- 合成葉酸
- 高血糖
- 過量攝取碳水化合物
- 高濃度的同半胱胺酸
- 高濃度的胰島素
- 傳染病
- 炎症
- 活動量少：長時間坐／站／臥床
- 抗氧化物低落
- 精氨酸低落
- BH4 低落

- 雌激素低落
- 穀胱甘肽低落
- 氧濃度低落
- 微生物群細失衡
- 用嘴呼吸
- 過量飲食
- 氧化壓力（太多自由基）
- 不良的甲基化
- 汙染
- 鼻塞
- 睡眠呼吸中止症
- 吸菸
- 鼻鼾

■ 壓力　　　　　　　　　　　　■ 舌繫帶

NOS3 基因與其他的髒基因

如我們已經看到的，所有的基因都會持續互相影響彼此，不過 NOS3 基因又特別容易被其他髒基因帶壞：

■ MTHFR 基因會增加同半胱胺酸，結果就會增加一種名為 ADMA（非對稱性二甲基精氨酸）的生化物質，它是血漿的成份。接著 ADMA 就會解開 NOS3 基因的偶聯，致使它製造超氧化物。

■ 使用穀胱甘肽移除異生素以及排除過氧化氫的能力。這些有害物質都會沖淡了體內 BH4 的濃度，所以弄髒了 NOS3 基因，並讓它開始製造超氧化物。

■ PEMT 基因會減損我們，維持強健的細胞膜的能力，因此就會導致發炎。炎症會從 NOS3 基因帶走精氨酸，結果就會變成頑劣的 NOS3 基因，並開始製造超氧化物。

■ 慢速 MAOA 基因和（或）COMT 基因會增加壓力，因此拖累甲基化，同半胱胺酸的濃度也就隨之增加。此時如果頑劣的 MTHFR 基因也來參一腳，增加的 ADMA 會解開 NOS3 基因的偶聯，超氧化物的濃度就會立刻飆升。

■ 快速 MAOA 基因會抬升過氧化氫的濃度，因此沖淡了 BH4

濃度。而 BH4 濃度低落會解開 NOS3 基因的偶聯，進而增加了超氧化物的濃度。

有看到重點了嗎？如果有一個髒基因（或好幾個）可以肯定的是，NOS3 基因一定也汙染了。

NOS3 基因與阿茲海默症

如果甲基化循環不良，就會累積更多的同半胱胺酸，正如我們前面看到的，ADMA 濃度隨之增加，NOS3 基因就會變成髒基因。

許多病患身上都可以發現有高濃度的 ADMA，包含了痴呆症。有趣的是，阿茲海默症是唯一一個跟 NOS3 基因有關聯的重大疾病，而心臟病是奪走那些痴呆症病患生命的第二大禍首。這是有道理的，倘若腦部發炎，加上甲基化循環失能，NOS3 基因將變得無比頑劣，並會製造大量的超氧化物，也就引爆了心血管疾病。

這是另一個有利的理由，讓我們一定得按照「全面修復」的療程，來改善自己的甲基化循環，並接著「重點式修復」NOS3 基因。有些患有輕微痴呆症的人甚至可能痊癒，而重症患者則可以減緩惡化速度。醫療專家需要更清楚地，向他人說明甲基化的重要性。因為無論從哪個角度來說，這個療程都能對病情有所幫助。

修補 NOS3 基因的營養素

　　我們同時需要精氨酸和 BH4，才能讓 NOS3 基因運作順暢，精氨酸好比油箱裡的燃料，而 BH4 就是油門。如果少了任何一個，這臺車子哪都去不了。

　　製造 BH4 的原料有天然葉酸、鎂和鋅。我們無法直接從飲食獲得 BH4：我們得幫助 MTHFR 基因，讓身體能製造 BH4。除非是天生就有罕見的 BH4 缺乏症，否則千萬不要服用 BH4 補充品。研究已經證實，如果體內有氧化壓力時，服用 BH4 是毫無益處的，對解決問題毫無幫助。持續執行我們療程來保護甲基化循環，同時維持適當濃度的穀胱甘肽，才是確保 BH4 充裕的最佳作法。

　　然而，我們倒是可以從膳食來獲得精氨酸：

精氨酸：火雞胸肉、豬里肌、肌肉、南瓜籽、螺旋藻、乳製品（但要選擇山羊／綿羊奶）、鷹嘴豆、扁豆。

NOS3 基因也需要以下的營養素：

鈣：起司、牛奶和其他乳製品（但要選擇山羊／綿羊奶）、深綠葉蔬菜、青江菜、秋葵、花椰菜、四季豆、杏仁。

鐵：櫛瓜籽和南瓜籽、雞肝、牡蠣、淡菜、蛤蜊、腰果、松子、榛果、杏仁、牛肉和羊肉、白腰豆和扁豆、深綠葉蔬菜。

核黃素／維他命 B2：肝臟、羊肉、蘑菇、菠菜、杏仁、野生鮭魚、蛋。

NOS3 基因還需要大量的氧分子（藉由呼吸來獲得）。這聽起來容易，不過困難的是許多人都有睡眠呼吸中止症、用嘴呼吸、慢性鼻塞、鼻鼾、不自覺摒住呼吸，或呼吸短淺的問題。呼吸是一種最重要且全然自發的機能，我們每天平均會呼吸二萬次。要是用錯的方式呼吸，就會開始產生更嚴重的問題。如果你一生只能選擇一項改變，來幫助 NOS3 基因，我會毫不遲疑地要你改善呼吸。

我們都知道，練習能有益健康。但你知道適度練習，就能讓呼吸更有效率，進而幫助到 NOS3 基因嗎？

如何幫助 NOS3 基因發揮功用？

魯迪答應了要修復 NOS3 基因。高血壓是一種早期徵兆，警告他該做些改變了。為了讓他更有動力，我告訴他之前提到陰莖勃起障礙，是另一個 NOS3 基因頑劣的徵兆。

首先我建議他降低目前的食量，別經常坐在沙發上，每天至少要起身活動幾次，而且每次都要活動二十分鐘。讓美國人身體發炎的標準飲食方式，改為對基因更友善的飲食法。我知道這些改變一定能大幅修復他的 NOS3 基因。

我也跟魯迪一起做些深呼吸的練習，我請他先把手掌放在腹部上，接著將空氣吸進肚子裡，直到他覺得胃部隆起後才能吐氣。

我請他要緩慢且平均呼吸，從鼻子吸氣後吐氣，並完成十次

練習，如此一來讓他能感受到身體充分充氧的感覺，跟之前是截然不同感受。我告訴他，接下來他需要全天確認並提醒自己這種呼吸方式，這麼做能產生明顯的不一樣，不僅能潔淨他的 NOS3 基因，還能幫助釋放壓力。

「你知道，」魯迪謹慎地說，「其他的醫生只叫我減肥，要多運動，還有吃高血壓的藥物。我也確實想過要用藥物控制，但我就是不想改變飲食，也不想運動。」

魯迪又停頓了一下。「你用這麼清楚的方式說明 NOS3 基因，它對血壓還有陰莖勃起障礙的影響，讓我認真要改變，」他說。「不只是要我『減肥』或『運動』。你的話讓我終於搞懂，也有了去執行的動力。現在我知道這樣的改變是為了修復我的 NOS3 基因，我會覺得自己有機會，能讓身體變得更好。而且從來沒人教過我呼吸！」

以下是我跟魯迪分享的其他祕訣，即使你還沒開始「全面修復」，也可以跟著做：

- **攝取富含天然精氨酸的食物。**
- **攝取含有天然硝酸鹽的食物：**幫助生成一氧化氮，比方說芝麻菜、培根、甜菜、芹菜和菠菜。
- **持續觀察呼吸狀況：**以適當且均等的速度來呼吸，不快且不慢，更不能不規律地呼吸。由腹部啟動深層且完整的吸呼，來取代由胸腔啟動的淺層呼吸方式。

第11章

PEMT 基因：打造細胞膜及肝臟功能

引起的病症：

- 先天缺陷
- 乳癌 ✓
- 憂鬱症 ✓
- 疲勞 ✓
- 脂肪肝

- 膽結石
- 肝臟受損
- 肌肉損傷
- 身體細胞營養不良
- 小腸細菌過度生長

肌肉關節痛又容易忘東忘西的瑪莉

瑪莉索爾是一位年屆五十，身材高挑且氣質優雅的女性。自從三年前進入更年期以來，身體開始出現一些擾人的徵狀。

「我的三酸甘油酯好高，」她告訴我。「肌肉會發痛，關節也是。就連從廚櫃的下方，把大鍋子拿出來都幾乎要使不上力了。而且我最近開始腦子一片混亂，幾乎無法專注，也常常忘記事情。我真的覺得很沮喪！」

我知道瑪莉索爾的問題可能在哪，但是我還想知道得更多。「妳在吃含脂肪食物的時候，身體會有什麼狀況呢？」我問她。

她看了我一眼。「你怎麼知道要問這個問題？那些食物好像跟我不對盤。我甚至可以感覺到它們帶來沉甸甸的感覺，就在這裡。」她把一隻手放在右胸腔下方的位置。

「還有呢？」我說，「說說妳的飲食內容。妳多久吃一次肉、肝臟、蛋或魚肉呢？」

瑪莉索爾搖搖頭。「幾乎沒吃，」她告訴我。「雖然我不吃素，但我的主食是米飯，豆類或扁豆才是我的蛋白質來源。有時候還會吃點優格或起司，不過就是很少吃肉。」

「瑪莉索爾，」我告訴她，「聽起來妳的問題出在 PEMT 基因。這個基因是負責製造磷脂醯膽鹼，而磷脂醯膽鹼是人體細胞膜的原料。不過，為了製造磷脂醯膽鹼，身體需要大量的膽鹼，這種原料的來源包含肉類、肝臟和蛋。雖然有部份的植物性來源，但是從妳剛才描述的飲食內容，聽起來像是妳沒有攝取到足夠的膽鹼。」

瑪莉索爾看起來很驚訝。「我以為吃太多肉對身體不好。」

「妳說得不錯，」我說。「但是吃適量的肉類能有益健康，或吃些魚肉和蛋也行。不過最根本的是，妳得確保自己能獲得足夠的植物性膽鹼。」

「但是我一直以來都是這麼吃的，」瑪莉索爾說。「為什麼現在才有問題呢？」

我跟她解釋，這是因為對大部分的女性來說，即便有時膽鹼攝取不足，雌激素也會刺激 PEMT 基因，製造磷脂醯膽鹼。女性在更年期前，體內的雌激素濃度比較高，所以能夠填補這種飲食造成的膽鹼不足。然而，自進入更年期後，雌激素濃度便開始下滑。這也表示，PEMT 基因的機能也已經大不如前了。

「好吧，」瑪莉索爾慢慢地回答。「不過這跟含脂肪的食物有什麼關聯呢？」

我告訴瑪莉索爾，頑劣的 PEMT 基因會併發脂肪肝。如果出現這種症狀，表示肝臟機能已經不全，其中一部份的原因就是因為，PEMT 基因無法排掉肝臟的三酸甘油酯，還會導致肌肉無力及酸痛，還有腦霧。

「這些問題看似沒有關聯，」瑪莉索爾後來說。「我不懂為什麼同一個基因會造成這些問題。」

我能夠理解瑪莉索爾為此感到困惑。PEMT 基因很複雜，而且會影響各種身體機能。PEMT 基因還很狡詐，所以我們必須檢視體內各種程序，才得以窺視全貌。

PEMT 基因主要製造細胞膜

　　PEMT 基因負責許多工作，而其中最重要的一項就是製造磷脂醯膽鹼，我們必須依靠磷脂醯膽鹼來製造身體各處的細胞膜。由於人體是由約三十七兆二千億個細胞所組成的，而且全部皆由細胞膜一一包覆著。以成年人來說，每天有超過二千二百億的細胞死去，並由新的細胞取代。時間每過了一秒鐘，就有超過二百五十萬個紅血球細胞死去，需要由新生細胞取代。雖然 PEMT 基因總是躲在幕後，然而它卻是焚膏繼晷地修復並再生大量的細胞。

　　磷脂醯膽鹼負責促進細胞膜的流動和健康，倘若細胞膜變得僵硬、不健康且機能不全時，不只是營養素無法順利進入細胞內，也無從排除有害物質。

　　細胞膜就好比房子的外牆，我們可以開關上面的門窗。當門窗緊關時，能保護你的財產和家人。然而，敞開窗戶也能流通新鮮空氣，同時也要小心小鳥、蒼蠅和蚊蟲可能會趁機溜進來。我們甚至會裝設寵物活動門，所以當家中寵要想要出外溜搭時，牠們也能自由進出。這些門窗能留住室內溫暖的空氣，這麼一來不只能節省能源，還能幫助維持室內的宜人溫度。

　　我們試想住家要是沒了門窗，寵物可隨意來去自如之外，陌生人也可以任意來你家，帶走你的財產。連老鼠、蟑螂隨意進出。壁爐的溫度也會被分散，甚至會收到一筆金額相當可觀的帳單。

現在我們把畫面換成人體的細胞膜，你可以把它想成是房子的牆壁。外細胞膜能保護細胞核，細胞核裡面有 DNA；而內細胞膜負責圈住並保護線粒體，它是負責製造人體能量的能源廠。

如果細胞膜有裂痕或漏洞時，該怎麼保護 DNA 呢？絕對無法做到。想想看，當所有的環境化學物質和傳染媒介都能暢行無阻，線粒體會發生什麼事呢？倘若細胞膜不健康，線粒體能有效生產每個細胞需要的能量嗎？答案當然是沒辦法。

事實上，如果少了細胞膜，細胞就會死亡。即使細胞少了細胞核，細胞還是能存活一陣子。但是，沒了細胞膜，細胞很快就會死去。

在我們的身體裡，有上兆個細胞正和諧的運行著。倘若你不幫助細胞膜，它們也不會幫助你。

那我們該如何維護健康的細胞膜呢？

顯然我們要吃有益健康的食物，或許還需要額外服用補充劑。不過，那都只是第一步。接下來，我們需要消化食物，並將營養吸收到血液中。但是現代人服用制酸劑消緩胃的問題、吃加工食物、負荷龐大壓力、暴飲暴食或用餐時喝下太多湯湯水水，會讓接下來的過程出現了問題。

理想上來說，當消化功能健全時，食物和補充劑中的營養素會經由血液傳輸，直到它們與受體結合，或者由蛋白質通道排出細胞外。這些受體和蛋白質正是鑲嵌在細胞膜上的「門窗」。

現在你明白了原因，為什麼我們需要盡量維持細胞膜的健康，正如你要讓住家的門窗能正常開關，都是一樣的道理。少了

健康的細胞膜,有些營養素就無法進入需要它們的細胞裡,那些缺乏的營養素也無法發揮真正的功效,甚至會造成血液裡的營養素濃度過高。而少了正常運作的 PEMT 基因,就無法擁有健康的細胞膜。

PEMT 基因的小檔案
PEMT 基因的主要機能

在搭配甲基化循環的協助下,**PEMT** 基因能幫助人體製造磷脂醯膽鹼,這個關鍵生化物質在體內扮演幾個重要角色:

- **促進吸收**:磷脂醯膽鹼是細胞膜的主要成份。如果缺乏磷脂醯膽鹼,細胞就無法正常吸收營養,所以就算你飲食得宜,依舊會營養不良!

- **懷孕生長**:女性從妊娠到哺乳期間,會需要更多的磷脂醯膽鹼。發育期的青少年也需要更多的磷脂醯膽鹼。從基本上説,每當身體需要新生大量的細胞時,就會更加需要這個重要物質。

- **幫助消化**:磷脂醯膽鹼會促進膽囊,分泌膽汁幫助消化,才能抵禦想趁機入侵小腸的細菌。

- **排除三酸甘油脂**:磷脂醯膽鹼能有助包覆並排除三酸甘油酯,這是一種會滯留在肝臟的脂肪。所以缺乏磷脂醯膽鹼,才會導致形成脂肪肝。

- **器官發展**:磷脂醯膽鹼對神經系統機能、肌肉活動和腦部發展都非常重要。

當無法從飲食中獲得足夠的膽鹼時，**PEMT** 基因還會促進人體製造膽鹼，讓我們的身體可以進行以下任務：

■ 促進肝臟機能、神經系統、肌肉活動、能量生成和新陳代謝。

■ 製造有助大腦學習和專注的關鍵神經傳導物質—乙醯膽鹼（acetylcholine）。

■ 當體內甲基葉酸（甲基化後的維他命 B9）或甲鈷胺（甲基化後的維他命 B12）不足時，膽鹼是甲基化循環的替代道路。

PEMT 髒基因會帶來的影響

擁有頑劣的 **PEMT** 基因，表示你無法製造足夠的磷脂醯膽鹼，進而導致不完整的細胞膜。因此，無數個需要磷脂醯膽鹼的身體機能，都會無法順利運作。

PEMT 髒基因的跡象

常見徵狀包含疲倦、脂肪肝、膽囊疾病、炎症、肌肉疼痛、營養不良（由於受損細胞膜無法徹體吸收營養）、妊娠併發症、小腸細菌過度生長、三酸甘油酯升高及肌肉無力。

PEMT 髒基因的潛在優勢

頑劣的 **PEMT** 基因讓身體更能儲存膽鹼，進而有助維持注意力和專注力。此外，對化療的反應也比較好。

認識 PEMT 髒基因

PEMT 基因可說是幸福和健康的關鍵。我們先從以下幾個問題開始，還加上之前你已經在「基因檢測清單一」回答過的那些問題。如此一來，你應該能判斷有 PEMT 基因需修復，同時也能稍微了解它對健康造成的各種影響：

☐ 全身痠痛：肌肉、關節，身體各處都有疼痛的感覺。
☐ 我吃（純）素。
☐ 已經割除膽囊。
☐ 曾被告知有脂肪肝，而且（或者）家人有脂肪肝的問題。
☐ 鮮少吃綠葉蔬菜。
☐（女性）先前懷孕時，我的膽囊曾經出過問題。
☐ 患有小腸細菌過度生長。
☐ 我曾做過基因檢測，而且知道我有 MTHFR C677T 基因多型性。
☐ 身體缺乏維他命 B12。
☐ 不耐受含脂肪的食物。
☐ 雌激素濃度低落。
☐ 有服用制酸劑。
☐ 腹部右上方會有疼痛或不舒服的感覺。
☐ 我的右肩胛骨很緊。
☐ 有便祕的問題。
☐ 容易感覺身體癢。
☐（女性）已經停經了。

在我們努力鞏固細胞膜的同時，有無數個細胞不斷地死去，這是很自然且健康的過程：每天會有一定數量的細胞死亡，更正確的說法是每一分鐘，才能讓新生的細胞來取代它們。比方說，腸壁細胞不用一週的時間，就會整個被新生細胞取代了。週週上演著生命的老死新生，比方說紅血球細胞大約可存活四個月，而白血球細胞則只能存活二十來天。在二至三週內，全身的老舊肌膚細胞會死去，並由新生細胞取代。這些都是最基本的身體循環。

老舊的細胞死亡併排出體外的過程，就稱為細胞凋亡（apoptosis），這是件好事。問題出在雖然有新生細胞與死亡的細胞數量不成正比時。傳染病、炎症、垃圾食物、運動過量和缺乏影響，全都跟細胞凋亡超越預期有關。當我們的身體受到打擊時，細胞就會受到損壞。此時我們得盡快修復它們，否則就會引發症狀。

一直吃敏感的食物或者小腸內已經有酵母增生的問題，都會導致腸壁出現大規模的細胞壁破損，也就是細胞凋亡。此時的身體為了長出健康的小腸細胞，我們需要磷脂醯膽鹼，不然無法促進小腸的運作，身體也將無法吸收營養，結果可能導致你對任何食物都很敏感，腸漏症的相關症狀也會一一浮現。

順帶一提，我們也不能讓細胞凋亡的速度太緩慢，因為這很可能會導致癌症，甚至讓癌細胞擴散。所以最重要的是，細胞凋亡的速度要恰到好處，太快或太慢都不好。

PEMT 與肌肉疼痛

要是肌肉細胞的細胞膜無法正常運作呢？肌肉的細胞膜其實滿脆弱的，所以當它們機能衰弱時，就會引發炎症，讓我們沒來由地感到肌肉痠痛。持續缺乏磷脂醯膽鹼會加劇肌肉細胞膜的惡化程度，長期下來的疼痛甚至會變成肌肉無力。

如你們已經看到的，這是瑪莉索爾的症狀之一。她的 PEMT 基因無法製造足夠的磷脂醯膽鹼，所以才會全身痠痛且肌肉無力。

修復 PEMT 基因的營養素

人體有 15~30% 的磷脂醯膽鹼，都是由 PEMT 基因來負責製造，在緊要關頭時，它甚至還能增產，但也正是工作量增加，讓它也自身難保。優質的膳食膽鹼能避免把 PEMT 基因弄髒，讓其他基因也能用膽鹼來製造磷脂醯膽鹼：

膽鹼：肝臟、蛋、魚肉、雞肉、紅肉

素食者較難從膳食中獲得膽鹼，對「只吃碳水化合物」的那些人也是一樣難。不吃肉和蛋的人是缺乏膽鹼的高危險族群，這意味著他們將缺乏由膽鹼組成的重要物質，包含磷脂醯膽鹼。低膽鹼飲食甚至可能導致脂肪肝、肝細胞死亡及肌肉損傷。基於合理因素，我可以很肯定瑪莉索爾原因多半來自這兒。

年輕的女性較能夠製造膽鹼，原因如我們前面看到的，正是因為雌激素能刺激 PEMT 基因，所以即使膳食膽鹼稍有不足：她

們的 PEMT 基因能夠填補空缺。這確實有道理，所以年輕女性能夠懷孕並哺乳。她們需要絕對大量的膽鹼來餵養下一代，這是大自然早已安排好的備案。

　　然而，倘若天生有特定種類的頑劣 PEMT 基因，對雌激素沒反應的那種，低膽鹼飲食也會讓年輕的女性生病。而且那個特殊的 SNP 並不罕見，而且會嚴重影響她們的健康。有些研究發現，倘若女性攝取較少膽鹼，罹患乳癌的風險會比較高。

　　如果你們不是吃（純）素，請確保飲食中有足夠的動物性蛋白質，份量不能太多也不能太少。如果你吃（純）素，下列是膽鹼的替代來源：

- 蘆筍
- 甜菜
- 花椰菜
- 球芽甘藍
- 白花椰菜
- 亞麻籽
- 四季豆
- 扁豆
- 綠豆
- 斑豆
- 藜麥
- 香菇
- 菠菜

誰是缺乏膽鹼的高危險族群？

■ **孕婦和哺乳中的女性**：由於女性在懷孕及哺乳時，身體需要新生大量的細胞，所以她們需要更多的膽鹼。

■ **停經後的女性**：高濃度的雌激素能維持 PEMT 基因的乾淨，進而製造磷脂醯膽鹼——然而停經後，雌激素濃度開始下滑。即便有天生乾淨的 PEMT 基因，更年期仍可能汙染這個基因。

■ **孩童**：隨著兒童成長發育，身體每天都會製造數不清的新生細胞，所以他們也需要更多的磷脂醯膽鹼。如果無法從飲食中獲得足夠的膽鹼，就很有可能導致磷脂醯膽鹼缺乏症。

■ **（純）素食者**：很難從蔬菜獲得足夠的膽鹼，儘管有些素食者會吃蛋。

■ **不當絕食的人**：如果你選擇要絕食，且時間超過四十八小時，就要考慮補充膽鹼和（或）磷脂醯膽鹼。不過，這並非有益健康的作法。我比較希望你能供應自己所需的營養。

■ **採用低蛋白飲食的人**：由於沒能攝取足夠的蛋白質，所以無法獲得適量的膽鹼。然而，高蛋白飲食也絕非解決辦法。我們要找出正確的平衡點。

■ **男性**：少了高濃度的雌激素來刺激 PEMT 基因，男性絕對

得採取高膽鹼飲食。

■ **體內葉酸濃度低落的人**：體內的天然葉酸和膽鹼的濃度是有關連性的，當天然葉酸濃度低落時，表示身體使用了太多的膽鹼—長期下來便會導致膽鹼不足，以及天然葉酸途徑有頑劣基因（MTHFR 基因或 MTHFD1 基因）的人也是。

■ **擁有 PEMT 髒基因的人**：如果你有頑劣的 PEMT 基因，由於這個基因對雌激素沒有反應，所以得從飲食攝取更多的膽鹼。

PEMT 基因影響甲基化循環

我們需要大量的膽鹼來製造磷脂醯膽鹼，進而維持健全的細胞膜。此外，還有另一個因素：當身體擁有更多的甲基葉酸，你則需要更少的膽鹼，反之亦然。

為什麼呢？因為甲基葉酸和膽鹼都有助甲基化循環。所以倘若體內有充分的甲基葉酸，甲基化循環就不需要這麼多的膽鹼。然而，當身體缺乏甲基葉酸的時候，甲基化循環就會使用膽鹼捷徑。長時間下來可能會汙染 PEMT 基因，進而引發其他問題。

該怎麼保護自己呢？確保自己獲得所需的甲基葉酸，以及足夠的膽鹼。

　　然而光靠監督那些生化物質，不一定就能保全基因的健康。即便你有足夠的甲基葉酸，甲基化循環也可能被其它事情打斷，然後把 PEMT 基因汙染。

　　為什麼呢？正如我們在第 5 章看到的，這是因為 PEMT 基因需要 S-腺苷甲硫氨酸（SAMe）。為了獲得足夠的 S-腺苷甲硫氨酸，你需要高效率的甲基化循環。

　　我們體內約 70%的 S-腺苷甲硫氨酸，會供應給 PEMT 酶去生產細胞膜，而剩下的 30%才用在其它的二百多個甲基化相關過程。這也就是為什麼，我們的身體會難以負荷更多的甲基化循環—壓力、過量的組織胺、（因吃素導致的）維他命 B12 不足、慢性疾病。我們已經需要很多的 S-腺苷甲硫氨酸，此時的你甚至要求更多的 S-腺苷甲硫氨酸。

　　同樣地，如果甲基化循環先發生了問題，就無法供應身體足夠的 S-腺苷甲硫氨酸。接著，PEMT 基因會被汙染，你的身體會逐漸感受到，細胞膜受損帶來的影響。再說一遍，甲基化循環是健康的根本之道。

做哪些事會汙染 PEMT 基因？

- 飲食中的膽鹼不足。
- 飲食中的甲基葉酸不足。
- S-腺苷甲硫氨酸不足。
- 甲基化循環不順。

■ 頑劣的 MTHFR 基因。

■ 雌激素低落─特別是女性停經後，以及男性。

■ 對雌激素沒反應，天生頑劣的 PEMT 基因的 SNP。

PEMT 基因促進消化機能

膽囊、膽汁和肝臟都一樣會受到 PEMT 基因的影響。跟著我一起看下去吧！

1. PEMT 基因與膽結石、小腸細菌過度生長

磷脂醯膽鹼也是膽汁的重要成份。膽汁能防止小腸細菌過度生長。倘若體內的磷脂醯膽鹼濃度太低，膽汁就會偷懶。接下來，膽囊就會發生故障，進而導致膽結石、脂肪吸收不良、小腸細菌過度生長，以及化學物質過敏症。由於孕婦尤其需要大量的磷脂醯膽鹼，導致她們成為膽結石的好發族群。

2. PEMT 基因與脂肪肝

脂肪肝的成因有很多種，也是全球患者人口數成長最快的疾病。研究人員發現病患人數節節攀升的原因有很多，比方說高果糖玉米糖漿、代謝症候群、肥胖及藥物治療。**近期的科學家發現 PEMT 髒基因會促進形成脂肪肝**。我們在這章看到的瑪莉索爾，

雖然還沒有脂肪肝，但是她的症狀顯示脂肪肝已經離她不遠了。再者，許多的年輕女性都 PEMT 基因先天出了問題，而且也沒有攝取足夠的膽鹼。

PEMT 基因是如何導致脂肪肝的呢？有兩種方式，而且都跟它製造磷脂醯膽鹼的機能有關。

首先，倘若有頑劣的 PEMT 基因，身體就無法促進生成足夠的磷脂醯膽鹼，將致使三酸甘油酯的問題。我們需要磷脂醯膽鹼，讓肝臟偷偷地透過「極低密度血脂」（very low-density lipids，簡稱「VLDLs」），來排出這個器官裡的三酸甘油酯。因此，如果我們身體缺乏膽鹼（也就會缺乏磷脂醯膽鹼），肝臟無法製造足夠的 VLDLs，三酸甘油酯便會不斷累積。過不了多久時間，過量的脂肪無法進入血液中，進而轉換為線粒體能使用的燃料，因而致使肝臟累積過量的脂肪。

第二，磷脂醯膽鹼是細胞膜的組成原料。當磷脂醯膽鹼濃度下滑時，會影響線粒體燃燒燃料的效率。既然身體無法燃燒那些脂肪燃料，只好把它們堆放在細胞裡面，形成氧化壓力。這種壓力又會反過來傷害線粒體，讓它們燃燒更少的燃料。而且我們必須等到細胞膜恢復健康後，才能修復這個惡性循環—然而此時的身體儲存下來的燃料通通都是脂肪。

PEMT 基因有助妊娠、哺乳

令人難過的是，多數的女性在妊娠和哺乳時期總是缺乏膽

鹼。更驚人的是，大部份的嬰兒配方奶粉幾乎沒有含膽鹼。如果妳正在計畫懷孕，請諮詢可靠的醫師或營養師，以確保從飲食中獲得足夠的膽鹼。研究顯示若女性飲食傾向低膽鹼，胎兒患有神經管發育缺陷（例如脊柱裂）的機率會增加二・四倍，而且血膽鹼濃度最高也與最低風險機率有關。我會建議女性在妊娠和哺乳時期，應每天攝取九百毫克膽鹼。

女性自分娩後，需要更多的膽鹼來分泌乳汁，因為母乳含有大量的膽鹼，來幫助嬰兒發展腦部、肝臟及細胞膜。從另一方面來說，發育中的嬰兒需要補充大量的膽鹼，主要原因有以下三種：

- 促進認知發展
- 幫助進行甲基化
- 生成細胞膜

研究人員發現，女性在妊娠期間如果能攝取較多的膽鹼，她們的孩子未來能有較優異的記憶和學習力；反觀在妊娠期間攝取偏低膽鹼飲食的女性，她們的孩子則會傾向記憶力衰退，也會有較多的學習問題。許多研究發現，在美國大部份的孕婦都有缺乏膽鹼的情況，所以可以請益自然療法醫師或整合／功能醫學方面的醫生，確保妳和寶寶都能獲得所需的膽鹼和甲基葉酸。

如何幫助 PEMT 基因發揮功用？

瑪莉索爾在徹底了解自己所有的健康問題後，她原本很是擔心，但在知道自己有能力改變局勢後，她才鬆了一口氣。我迫切地要她從飲食方面做起。由於她依舊不怎麼願意多吃點肉，因此我建議她自己做雞蛋沙拉，另外我也推薦魔鬼蛋，我自己非常喜歡傳統炒炸方式的雞蛋料理。

還有其他方式能幫助修復 PEMT 基因，你也可以立刻開始這麼做，不需要先開始進行療程：

- **每天吃高膽鹼食物**：無論動物性或植物性來源都可以，但一定都攝取足夠的膽鹼。只要從飲食中獲得足夠的膽鹼，即便 PEMT 基因是先天出問題，也不太能找你的麻煩。

- **飲食要適量**：對所有的人，適量飲食都是好的。而對你來說，這麼做更為重要，作法很簡單，用餐只要吃到八分飽。把餐盤中的份量吃完後，先停個十五分鐘，就會感覺到飽足感了。你的肝臟會非常感謝你這麼做。

- **控制壓力**：我們都需要釋放壓力，但對你來說，這件事情更為重要，因為壓力會以相當快的速度消耗膽鹼。為了讓修復 PEMT 基因，你必須學會控制自己的壓力。

- **多吃綠葉蔬菜**：當你的甲基葉酸含量越低，為了促進甲基循環，身體就會使用更多的膽鹼。

- **攝取並消化蛋白質**：為了做到這一點，我們需要細嚼慢嚥且不能狼吞虎嚥，用餐時不要喝超過二百二十五公克的液體，

也不要吃制酸劑，更不能邊開車邊吃飯。

- **少吃精制碳水化合物**：意思是要你戒掉洋芋片和蘇打餅！我們可以吃蛋白質、健康的脂肪和複合式碳水化合物，比方說碗豆、迷你胡蘿蔔和鷹嘴豆泥。

- **勤洗手**：用天然肥皂，不是抗菌肥皂。這麼做能幫助我們降低細菌和病毒感染，進而減輕身體機能的負擔，也就不需要更多的膽鹼。

- **用酪梨油、葵花子及（或）酥油來調理食物**：能降低脂肪酸氧化，不要使用椰子油或橄欖油，因為那些油的發煙點較低。另外，烹煮食物的時候，一定要開抽油煙機。

- **護肝**：由於 85%的甲基化反應是在肝臟進行的，為了維持體內的磷脂醯膽鹼濃度和肝臟，我們不能讓這個器官的過度勞累。限制自己的飲酒量、少吃含防腐劑的食物，以及遵守醫囑，少吃不必要的藥物。

- **內臟筋膜鬆動術**：倘若膽囊分泌膽汁不足，試著考慮跟專家合作。這些專業執業人員能夠透過雙手，溫柔地引出膽囊內的膽汁。我曾做過這個療法，效果非常好。這是一種既迅速又有效的推拿術，在你改變飲食和生活方式的同時，能讓你立刻放鬆身體。

第 3 部

28天基因
修復療程

第12章 第一階段：
全面修復

　　雖然我們肉眼看不見，但基因已經被汙染了。可是人們總傾向試著修復看得見的事情，卻忽略了那些看不到的地方。然而，頭痛、紅疹、體重增加和失眠，這些都是一個（或多個）髒基因造成的結果。光靠吞藥或吃補充劑其實於事無補。

　　問題是，基因並不聽話。它們會依固定的指令反應，那是它們唯一知道的事情。所以你得跟它們合作，才能發揮出它們最理想的效能。

　　在本書的第三部份，你將發現哪些能讓基因發揮最佳功效。所以在接下來兩週的期間，那些正是你將要提供給它們的。

　　這個計畫是為了讓你的基因，能獲得所需的所有幫助。所以在做任何事情前，都請你先問問自己：

　　吃下這個食物、服用這種補充劑或進行這個活動，是為了幫助我的基因，還是會增加它們的負荷呢？

　　要記住，如果讓基因做越多的工作，反而更容易得到那些不想要的症狀。

　　你可以這麼想像，工作會讓人變得疲憊，而放假才能幫助充電，好讓我們回到職場的時候，隨時對付所有迎面而來的挑戰。所以接下來的兩週，你將讓基因放假。如果有人全年無休不不停地工作，下場一定很慘。基因當然也是，所以我們得讓它們休息一下。

　　最重要的是，知道這些神奇的資訊，能讓你更有能力主導健康。你將找到各種方法，能解決那些可能與你纏鬥多時的老毛病。

第一週

你可能已經開始按照我先前提供建議，開始修復。如果真的是這樣，那麼現在的你已經勝券在握了，太棒了！持續下去，接下來的幾個建議也能幫助你修復基因。如果你已經試過先前的那些建議，但是卻沒有成功，請停止那些做法，先試試看「全面修復」的建議。如果你現在還沒開始進行，也不用擔心，現在正是時候邁出第一步了。

在接下來的「全面修復」的內容裡，我會提五大生活重整法，從這五個面向解決：

- 食物
- 營養補充品
- 排毒
- 睡眠
- 紓壓

食物

正如希波克拉底（Hippocrates）的名言：「讓食物成為你的藥。」

我們都知道，雖然特定藥物能對一個人有所幫助，但也可能對其他人產生強烈的副作用。食物亦是如此。發酵食物很適合我，能幫助我補足微生物體，以及治療我的腸漏症；然而對有

DAO 基因有問題的人來說，你們可能無法應付額外的細菌了。或許你們的身體能耐受少量的麩質，但我完全無法。我的兒子馬修吃了牛奶製品後，會流鼻水、變得不耐煩和耳朵痛；西歐也對同樣種類的食物有反應，他會頻繁地眨眼睛，而且會不斷地清喉嚨。塔斯曼反而相當能夠接受牛奶製品，而且一丁點兒的症狀都沒有。我們每個人全然不同，從我們對食物的反應已經可窺知一二了。

我們甚至也會隨時地改變。或許去年吃這個食物沒事，但是今年卻帶給你多種症狀，情況也可能顛倒。基因會被汙染，也能被清理乾淨，而且由於所有的基因都會持續地互相聯絡，產生的生物化學會不斷地改變身體的反應。

那這是為何我們在本書中強調，**將生活的基礎建立於「注意當下的感受」**。本書的目的是帶領大家，盡可能地過著理想的生活，好讓我們都能發揮基因潛力。而且這只需要你學會端視自身的感受，如此一來你會知道何時可以吃哪些食物。

1. 注意自己的身體和情緒

承認吧，你有時候會想吃外食，有時候又覺得吃份沙拉已經足矣。這就是生活。

所以我們的第一步，正是用注意力區別「嘴饞」和「飢餓」的差別。

當你正渴望某種食物時，要了解嘴饞和飢餓的差別更加困難。「嘴饞」的感覺是想要吃某種特定食物；而「飢餓」是腸胃

會發出咕嚕聲，甚至讓你有種空著肚子的感覺，所以你需要吃點東西。

　　每個人都有引起嘴饞的髒基因，而且那些基因越是有問題，我們就會更容易嘴饞。那也是另一種的好消息：持續執行療程，將能大幅減少嘴饞的情況。

　　雖然一開始的時候，這些渴望會不斷地對著你呼喊：「快投降！放棄吧！這太困難了！」別聽它們的話。

　　所以從現在開始，只要試著轉換自己的心態，簡單地問自己：「現在我是需要才吃，還是想要吃呢？」接下來的日子裡，如果你能夠回答這個問題，你的基因一定會很感謝你。不過，於此同時……

2. 放下懊悔

　　我們都是普通人，都有嘴饞的時候。享受食物刺激著我們味蕾。我們都值得體驗各種美味的食物，以及享受飽餐一頓後滿足感，可能還會吃些不甚理想的食物

　　這麼做都沒有關係！我也會這樣。下次你去大吃大喝的時候，要好好享受。就去吧！隔天也不必苛責自己，也不需要內疚。改述自我的同事的話，薩欽·潘特爾醫師（Dr. Sachin Patel）曾說過：「從下一口再開始注重健康。」說的很棒，對吧？我們只要再回去修復基因，並幫助那些需要額外協助的基因就好了。更酷的是，現在你已經知道該怎麼做了。

　　下次你放縱自己，或吃了不該吃的食物時，你會讓自己好好

享受。罪惡感和後悔只會讓基因變得更髒。

3. 規劃飲食

　　我們多半依著渴望去選擇食物。不過，我希望你要把注意力放在，傾聽自己的身體及規劃。

　　我要你改變心態。食物是美妙的事物，它們是身體的燃料，絕不是該逃避的麻煩。我們可以這麼想：「嗯…今天是個很重要的日子。今天公司要我做簡報，下班後我要帶孩子去踢球，然後去看電影。為了有個精彩的一天，我需要吃哪些食物呢？蛋白質能幫助我思考。我需要吃一些複合式碳水化合物，才能讓我有體力在足球場上奔跑。然後，電影前還需要一份輕食沙拉。」

　　了解接下來要做的事情，你的身體需要哪些食物，我們需要有這些認知來做飲食規劃。要仔細傾聽你的身體，並根據以下的因素來規劃飲食組成：

- **活動程度：**心理及生理活動。心理活動量越多，就需要更多的蛋白質，以維持敏銳度；生理活動量越多，則需要更多的蛋白質、健康的脂肪和碳水化合物，來維持充沛的能量。
- **情緒：**快樂、哀傷、憤怒、熱情、無趣。當感到快樂和熱情的時候，你會吃少一點食物；反之，感覺無趣時則會吃得多。極端的情緒，如哀傷和憤怒，依不同的情況，前者讓身體需要多一點食物，而後者需要少一點的食物。然而，無趣、哀傷及憤怒的情緒往往會引起對食物的嘴饞，而不是真正的飢餓。

- **症狀**：你現在會頭痛嗎？覺得笨重？還是有腦霧的情況？睡不著嗎？覺得懶洋洋的還是有壓力呢？要有愉快、清晰且銳利的感覺，那麼你需要吃少一點食物，所以千萬別讓自己吃得太多。頭痛、缺乏活力、睡眠問題、壓力和腦霧的原因，都可能來自不對的食物，所以讓你自食惡果。從另一方來說，倘若你長時間都不吃東西，出現那些症狀則表示你需要進食和攝取水分。為了做出正確的判斷，你一定要好好地注意自己。如此以來，下次才能做出正確的決定。

- **基因**：需要修復哪些基因呢？哪些基因需要額外的協助呢？食物會將燃料注入到基因裡面。為了讓基因發揮最佳潛力—還有你自己，所以要由你負責運送它們需要的營養。

4. 紀錄飲食內容

知道食物是幫助或阻礙你，是非常重要的事情。較積極的做法是，寫下自己的飲食日誌。透過這個方法，每當症狀出現時，你就能回頭檢視自己吃了哪些食物，並推斷出可能導致症狀的食禍。追蹤飲食內容也能幫助你俯視自己的飲食全貌，比方說你吃了多少份量的蛋白質、碳水化合物及脂肪，以及自己通常會吃多或少一點的時間落點。

自從我開始追蹤自己的飲食內容後，我發現我吃下的碳水化合物遠超過想像，所以才導致我睡不著、腦霧和體重增加。我也發現我晚上睡不好的原因了—吃得太多，用餐的時間太晚，還有吃了太多的蛋白質。

5. 把基因「吃」乾淨

- **關掉生病的基因**：攝取有機的食物，可以有效減少基因的工作量。比起非有機的食物，有機培育的食物也會有比較高的營養成分。

- **如果不餓，先別急著用餐**：雖然絕大部份的情況都可以這麼做，不過當然還是有例外狀況，比方說，你知道接下來會有很長一段時間無法吃東西。

- **用餐到八分飽**：就要放下碗筷。

- **一天最多吃三餐**：理想上來說，要盡可能限制自己吃零食。如果無法戒掉吃零食的習慣，那麼至少要做到限制份量。

- **禁零食，因為：**
  1. 你現在感受到的是嘴饞，而不是真正的肚子餓。
  2. 餐間要吃零食，這是得糾正的壞習慣。要戒掉！
  3. 燃燒能量的機能沒有正常運作。
  4. 雖然你正在吃東西，但沒有吸收到營養。
  5. 沒有吃到健康的食物，這表示你的身體永遠無法感到滿足。此外，不當飲食會導致炎症，甚至營養不良。

- **間歇性斷食**：這很簡單就能辦得到，只要你晚上七點後不吃東西，然後隔天早上七點起床吃早餐。如果你晚上七點吃完晚餐，到隔天上午十一點才吃東西，那樣就是十六個小時。以我個人來說，我能覺得自己狀態最好的時候，是當我前一晚七點半吃完晚餐，然後到隔天早上十一點或中午才吃第一餐的那些日子。但如果我那天早上得外出開會或做簡報，我

就會提前用餐時間。我會在血糖下降出現第一個徵兆出現時
（思考速度變慢），一定要讓自己結束禁食。

- **細嚼慢嚥**：咬一口食物後，先放下手中的碗盤。然後仔細地咀嚼，品嚐食物的風味。等嚐到味道後，才能吞入胃裡。然後再重覆一遍。然而這麼做能大幅減少吃進胃裡的份量，還能明顯增加更愉快的感受。

- **用餐時要限制水分**：用餐時可以配一杯過濾水、山羊奶、杏仁奶、茶，或者葡萄酒，但絕對不能超過一杯。別稀釋體內的消化酵素，否則將會侷限你對這些食物的吸收能力。

- **用餐時別碰冷飲**：最好喝常溫或熱一點的飲品。因為當你喝冷飲時，身體需要加溫喝下肚的冷飲，因此需要消耗能源。你可以喝冷開水，但不要喝冰開水，這樣身體才能節省能量。喝冷水無法減重。冷水只會引起胃抽筋和絞痛，尤其是運動的時候。

- **吃百分百無麩質食物**：即便你只是吃了一兩口的含麩質食物，可能引起的生化反應，與吃完整條麵包的反應相差不遠。為什麼？因為我們的免疫系統是透過抗體做出反應，而即便體積跟抗體一樣小的食物，也能讓身體製造出抗體。所以你要就吃百分之百無麩質食物，否則結果還是一樣。

- **發燒時不要吃東西**：只需要補充電解質就好。當然，如果持續高燒不退，一定要尋求專業的醫療協助。

- **不喝有糖的飲料**：我個人完全不喝果汁和汽水。那些都是用糖製作的飲料，一定要少喝。雖然我花了幾年的時間才習

慣，但我還是辦到了；而且少了那些飲料，帶給我更好的感
受了。喝果汁能止嘴饞，也能立刻汙染你的基因。

■ **自製果汁**：是很棒的作法，但除了水果之外，也一定要加些
蔬菜。理想的做法是，選用能放入整株蔬菜和草本植物的調
理機，就能喝到完整的營養素和纖維。當然最好選擇有機農
產品，這樣才不會一併喝下農藥和除草劑，不然那只是一杯
骯髒的奶昔。

6. 聰明地選擇食物

精準地選擇正確的食物，能有助你徹底修復基因。關鍵在於
知道自己哪些能吃、哪些不能吃。為了讓你更輕鬆辦到：在下一
章節，我已經加入了很棒的食譜，供你任選早餐、午餐和晚餐。

以下是同樣能幫助修復基因的一些方針：

■ **放在賣場靠中間走道販售的食物、有你不知道怎麼念的成份
的食物和白色的食物，那些食物都不要碰：**

1. 汽水
2. 速食
3. 含有合成葉酸的所有食物（也就是所有的加工食品）
4. 可即食的冷凍餐和包裝食品
5. 早餐穀片（可以吃燕麥和其他熱的無麩質穀片）
6. 烘烤酥脆穀類
7. 洋芋片
8. 零食，包含蘇打餅、什錦堅果、烘培燕麥棒、能量棒，

9. 糖果

10. 冰淇淋

11. 果汁

12. 未過濾自來水

13. 麩質

14. 大豆

15. 乳製品

16. 酒類

■ **放在賣場邊緣位置販售的食物、不含添加物的食物和天然食物，才是你該吃的食物：**

1. 過濾水

2. 大量的新鮮蔬菜

3. 新鮮水果（每天不超過三份；比起下午和晚上，早上是最佳的吃水果時機）

4. 有機雞蛋或放養雞蛋

5. 放養畜肉，而且最理想的肉品是由在地農場或屠戶供應的

6. 新鮮捕捉到的野生魚肉和貝類

7. 堅果和種籽

8. 各種豆芽菜：豆類、穀類、種籽類和堅果類

9. 菰米

10. 藜麥

11. 天然食品合作社販售的新鮮熟食：辣醬、湯品、沙拉、前菜。不過，一定要檢視成分表，才能避開無法促進你的身

體和基因健康的食物。

- **客製化餐飲：**根據你在「基因檢測清單一」的得分狀況，為自己量身打造專屬的菜單。我會在下一章詳細說明何時該吃那些食物。

- **新鮮烹（蒸）煮的食物：**不要吃冷凍食物和隔夜菜。如果你已經有髒的 DAO 基因，隔夜菜更是不能碰。

- **預先品嚐：**30%的胃酸分泌，都是為了吃所做的預備反應：先看一看、聞一聞碗裡的食物，然後期待吃掉它。讓自己有足夠的時間做完這三件事情。食物理應滋養我們以及我們的基因。享用正餐時，我們不應該囫圇吞棗、「有吃飽就好」。為了理解我說的意思，你現在可以想著檸檬。是否感覺自己嘴裡突然湧出一股唾液？那正表示你的消化系統已經準備好了。用這個方式來期待和「預先品嚐」即將要放進嘴裡的食物，能讓食物變得更加美味─而且你也會吃得更少，吃下的食物也能更有效地燃燒，進而促進有益健康的新陳代謝。

- **使用抽油煙機：**我知道，它發出的聲音真的很吵，但是油煙有毒。最好少吸一點油煙。

- **選用高發煙點的油品：**酥油、酪梨油、葵花籽油和紅花籽油都是最適合烹飪及烘焙的油品。橄欖油、椰子油、亞麻籽油和核桃油則適合搭配沙拉食用。

營養補充品

雖然我們的目標是希望從食物中，獲得所有人體所需的營養，然而不是每次都能行得通。主要的原因是，食物可能會失去營養素，比方說種植在被過度使用的土壤。此外，交通運輸、極端溫度變化、烹煮時間和存放時間，都會讓營養逐漸減少。我們每天接觸的化學品和壓力來源，也會消耗我們比較需要的營養素。正因為這些因素，所以我們有時候會需要服用營養補充品。

接下來有一些使用營養補充品的基本原則，即便大部份的人都不見得會這麼做，但是只要願意照著做，你絕對會看到很明顯的不同！

1. 選擇最適的營養補充品

我所謂的最適，指的不是補充劑裡的營養素，而是獲得營養的方式。最容易吸收的營養劑形式是微脂體（透過液體中的微脂粒來輸送營養素）；而最不容易吸收的形式是錠片。以下是吸收難易度排列，從最容易到最不容易吸收的形式是：

微脂體（液體）＞口含錠＞粉末＞咀嚼錠＞膠囊＞錠片

如果你想控制應攝取的劑量，這個順序也是一樣的。也就是說，如果你想稍微調整劑量，液體是最容易調整的，而錠片是最難的。

你還可以考慮下列幾點，來選擇營養補充品的形式：

■ 如果你對營養補充品較敏感，可以先從一滴微脂體開始嘗

試。等到自己比較能接受後，就可以把劑量增加到四分之一茶匙。液態的營養素能夠直接輸送至細胞內。

■ 口含錠也是不錯的方式，如果是要調整劑量，口含錠還是不太方便。可以含在嘴裡，大概幾分鐘就能感受到補充錠開始發揮作用。如果你感覺比較舒服了，或什麼也沒感覺到，請繼續讓補充錠在嘴裡溶解。不過，如果你覺得更不舒服了，請馬上把口含錠吐出來。可能這個產品不太適合你，或者你得先把口含錠切成四分之一或二分之一，來調整劑量。

■ 粉狀的補充劑也不錯，因為也很方便調整劑量。而且市面上已經有許多味道不錯的營養粉。

■ 如果需要調整劑量，大部份的咀嚼錠都能分成一半或四分之一。

■ 膠囊很方便，人們有時候想要拆開膠囊，把內容物直接倒進嘴裡、撒在食物上或飲用水中。只要事先跟製造商或醫生確認過，這麼做並無大礙。然而，有時候則不應該這樣破壞膠囊，比方說鹽酸甜菜鹼（betaine HCl），這是一種高酸性且會灼傷表皮的胃酸膠囊。

■ 錠片的效果通常有很限，除非是緩釋型的補充劑，例如菸鹼酸（niacin）。X 光檢查結果也時常看到人們的消化系統中，還留有尚未消化的錠片。一般來說，錠片的製造（購買）成本比較低廉，但其實錠片反而比較貴，因為你浪費了更多的時間和金錢。

2. 別被「建議使用方式」制約了

你在營養補充品外包裝看到的「建議使用方式」字樣，意思是；僅為建議而已。你要按照專業醫師的醫囑，不然就按照你自己行得通的服用方式。而我的圭臬則是，先從少量攝取開始，看看補充品對身體的影響。倘若「建議用量」是一天四顆膠囊，我會先從一天只有一顆膠囊開始攝取。這麼一來，所攝取的劑量是營養標示的四分之一。

3. 每次只吃一種營養補充品

我知道人們都會急著想攝取各式各樣的新營養補給品。我剛開始跟我的病人合作時，我知道有哪些補充劑可以幫助他們，所以我時常建議他們從吃某幾種補充劑開始。當那些補充劑發揮效用時，事情就能進展得很順利。反之，就會是場惡夢，因為我們無從得知是哪一種補充劑造成的問題。後來我學乖了，建議病人一次只嘗試一種補充劑，並接著連續觀察幾天，看看是否有發揮作用。也只有在這麼做的時候，我們才能觀察到補充劑的效果，如果沒有任何改變，是否應該加入其他的補充劑（我說「沒有改變」的意思是，也可能是因為補充劑還需要更多時間，才能看得到效果—但至少沒對你造成任何傷害）。

4. 要了解你吃下的營養補充品

在你吞下任何補充劑前，一定要先了解它的用途。目的是什麼？是為了增加血清素，並降低你的快速 MAOA 基因嗎？還是有

助清除多巴胺，並幫助你的慢速 COMT 基因呢？

　　如果你已經買了一種營養補充品，並準備開始嘗試劑量前，先觀察一下自己現下的感受。仔細注意、聆聽自己。

　　然後在觀察接下來的感受。有些補充劑沒幾分鐘就會發揮作用，例如菸鹼醯胺腺嘌呤二核苷酸（NADH）。有些補充劑則需要三十分鐘，例如乙醯左旋肉鹼（acetyl-L-carnitine），或二十四小時，例如南非醉茄（ashwagandha），才會發揮效用。再說一次，請仔細注意、聆聽自己的感受。補充劑的效果是正如你所想的嗎？現在你的慢速 COMT 基因運轉得比較快嗎？你的快速 MAOA 基因有慢下來了嗎？

　　我們要負責自己的健康，但更重要的是，沒有人比你更了解自己的身體了。只有傾聽自己身體的聲音，才能決定自己需要哪些補充劑，以及停止補充的時機。

5. 利用「間歇法」

　　我會用間歇法，來找出需要多少劑量的補充劑，以及何時該增減和停止使用補充劑。學會使用這個方法非常重要，否則即使你已經不需要補充營養了，卻還是不停地服用它們，甚至讓它們開始傷害你的健康。如果我們的身體缺乏某種營養，那麼我們就能藉由補充劑來填補空缺，所以是有機會不再需要它們。但如果你繼續服用，反而可能導致過量，進而把體內系統推向另一個極端，迎來截然不同的擾人症狀。

　　所以你可以搭配下面的間歇法，來輔助自己服用營養補充

品：如圖片所示，當你感到情況好轉時，就是應該要停止或減少
補充劑的時候。你要先減少一部份，並持續減少劑量，直到你只
需要微量或完全不需要。如果經過一段時候後，你覺得情況有惡
化的趨勢，就可能逐漸提高劑量。然而，若此時身體出現不一樣
的徵狀，可能表示劑量太重了。

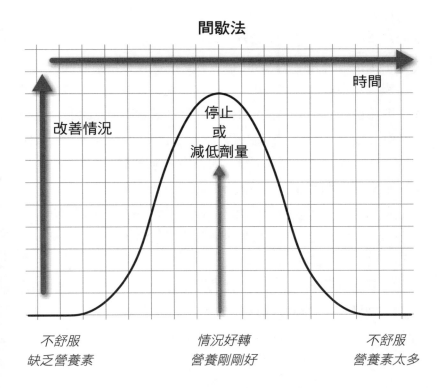

間歇法

時間

改善情況

停止
或
減低劑量

不舒服
缺乏營養素

情況好轉
營養剛剛好

不舒服
營養素太多

　　接下來的營養補充品都需要搭配間歇法，因為這些都是相當強效的營養補充品。只有需要時，才能服用它們。當情況好轉後，一定要停止或減少用量。如果你又需要它們的幫助時，可以再開始使用他們。你可以這麼想像，當你正在度假時，你的營養補充品也會稍微放假一會。我就是這樣。另一方面，當你壓力比較大、睡不好或生病時，就需要更高劑量的營養補充品。服用幾個關鍵的補充劑，已經足以填補這些空缺。接下來是我發現的，支持性非常高的營養營養補充品：

- **綜合維他命／綜合礦物質：**為了讓基因能有效運作，我們須依賴特定營養素。然而，許多人都無法獲得足夠的特定營養素。好的綜合維他命／綜合礦物質能有效解決這個問題。只要確保裡面不含合成葉酸。因此，選擇含有甲基葉酸及亞葉酸（folinic acid）的綜合維他命，這是天然葉酸補充劑的最佳形式。鐵素可能導致炎症，所以最好選擇不含鐵質的綜合營養素（除非你知道自己缺乏鐵質）。

1. 只有在感到疲憊、出現腦霧或你覺得需要額外協助的時候，才需要服用一顆綜合維他命。當你覺得身體狀況不錯時，就不要吃。
2. 當你覺得需要綜合維他命時，請先吃四分之一的每日建議劑量，並且搭配早餐服用。
3. 如果你覺得還需要補充時，午餐時間可以再吃四分之一或二分之一的綜合維他命。
4. 睡前五小時前不要服用綜合維他命。維他命 B 群有振奮精

神的作用，會讓人無法熟睡。

- **電解質：**我們體內的電力載體就稱為「電解質」，是由鈉、鉀、氯、鈣、鎂及磷酸鹽組成，然而電解質不足卻很常見。當身體的電解質低落時，電子熱能也會跟著降低。缺乏電解質的常見症狀包含肌肉收縮、心律不整、身心疲憊、腦霧、頻尿、剛喝完水就想上廁所、一站起來便感到頭暈，以及不容易流汗。此時你應該攝取至少含有鉀、鎂、氯化物、鈉及牛磺酸的電解質補劑，且不含糖、食用色素、或其他人工添加物。牛磺酸能幫助輸送電解質。

1. 在運動前及剛睡醒時補充電解質。

2. 如果你沒有前面提到的症狀，而且你也沒有要運動或做蒸氣浴，就不需要服用電解質。

3. 如果是因為電解質引起的便祕，你可以多喝點水，否則今天可能很難上廁所。

- **適應原（adaptogens）：**適應原是一種草本化合物，能促進人體面對壓力的能力。常見的適應原包含了南非醉茄（又稱印度人蔘）、紅景天、西伯利亞人蔘、西番蓮和野生燕麥。另外，維他命 B5 和維他命 C 也有助對抗壓力。

1. 為了擁有足以對抗壓力的韌性，最好每天服用適應原。度假時可以不用吃，因為此時你的壓力會比較小。

2. 搭配早餐一起服用，或者當壓力較大時，可以搭配早午餐都吃。

　　除了前面提到的必須營養補充品，讓自己盡量別吃藥物是上策，但一定要尋求專業醫護人員的協助。

- **不吃非專業醫師開立的藥物**：有些成藥（比方說制酸劑）需要逐步戒除，所以可以跟專業醫護人員合作，以利進行戒斷治療。急遽強行戒斷某種藥物，可能導致反彈效應，結果病症反而更加嚴重。這可不是在開玩笑。為了避免發生這種情況，一定要循序漸進地戒除藥物，並且只能接受專業的醫療照護。

- **停止或戒除醫師開立的營養補充品和藥物前，需事先取得他們的意見**：如未經開立醫囑的醫師許可和協助前，千萬不要恣意停藥或營養補充品。如果突然停止服用，可能危害到你的健康。

排毒

- **避免使用塑膠製品盛裝食物**：所有的容器皆適用這個原則，包含烹調、存放、用餐和飲用時會接觸到的容器。
- **使用不鏽鋼、玻璃或陶土製容器**：這也適用所有廚房用品。
- **避免使用不沾平底鍋及鍋具**：有兩個小祕訣，首先是不要用高溫烹調食物，第二是鍋子裡的食物翻面或盛盤前，要先離火幾分鐘。這樣就能輕鬆滑動鍋裡的食物了！
- **避免使用空氣芳香劑及任何有香味的產品**：現今的市場上到處都是充滿香氣的產品，舉凡香皂、烘衣紙、廁紙、擦手紙

等等，諸如此類不勝枚舉。從什麼時候開始乾淨是聞得到的「氣味」？商人的行銷手法已經說服大眾，如果是乾淨的東西，就會有一股味道。不，如果是乾淨的東西，就不應該有任何問題。如果有味道，就會汙染你的基因。

■ **避免使用農藥、殺蟲劑和除草劑：**這些毒素無所不在，食物、校園、公園和職場都有。第一步就從你自己的後院開始，只要用醋和水就是最棒的除草劑，效果等同於丙烷噴燈，而且成本還很便宜。健康的土然能長出健康的植物，所以不需要使用化學品。

■ **徹底調查周遭環境：**找出黴菌和其他毒素的可能源頭：較潮溼的區域、已經發霉或長黴菌斑，或者地板、牆壁及天花板上的水漬。有計畫地清理並（或）移除。另外，你可以利用www.scorecard.org，確認當地環境中最常見的化學物質，並好好保護自己。

■ **排汗：**用各種方式讓自己流汗。如果有服用電解質，你可以做熱瑜伽，或者在攝氏 48 度左右的環境中，只要沒有不舒服的感覺，盡情地享受蒸氣浴。蒸氣浴結束後一定要沖澡，並用肥皂清潔。在洗蒸氣浴時，注意自己的呼吸，並試著使用滾輪來按摩肌肉，或乾擦肌膚也可以。絕對不要逼迫自己待久一點。當你覺得足夠的時候，表示你已經完成了。如果這種感覺持續了三十秒，沒關係，隔天再來一次就好。洗完澡後要休息一至二小時，不能從事運動或性事。

睡眠

- **理想的睡眠時間是從晚上十點三十分開始：**如果你進入被窩的時間比那還晚，建議你從每天提前半小時就寢開始調整。
- **改善睡眠品質：**接下來的建議能同時進行的話，應該能看到明顯的不同：
  1. **睡前三小時不要吃東西：**除非你擁有快速的 MAOA 基因，而且睡眠無法維持一整晚，那麼睡前一小時吃點清淡的食物，就已經足夠了。
  2. **下午二點過後不要喝含咖啡因的飲料：**完全不喝，更好。
  3. **睡前至少一小時，遠離電子用品：**開啟電子設備的飛航模式，直到隔天早上。
  4. **電腦、手機和電子設備的螢幕加裝濾藍光片。**
  5. **關掉所有夜燈。**
  6. **窗戶要留一點縫隙：**以交換新鮮空氣。如果覺得冷，蓋一條更溫暖的毯子。
  7. **阻隔戶外燈源：**包括街燈或鄰居家裡的燈光。
  8. **治療打呼或用嘴呼吸：**請問問你的牙醫。鼻鼾和用嘴呼吸都會導致夜晚睡眠品質不良。正如我們已經知道的，這還會汙染 NOS3 基因。
  9. **睡前不要吃綜合維他命：**因為它會讓你晚上睡不著。其他營養補充品如酪胺酸和某些草本興奮劑，都會讓人保持精神。

10.**追蹤睡眠**：我已經透過追蹤，找出自己的睡眠趨勢，並藉此改變習慣來換取更長時間的熟睡和快速眼動期（REM）。我的平均熟睡時間從原本的平均六分鐘，以及一小時的快速眼動期，進步為四十五分鐘的熟睡，以及三小時的快速眼動期。祕訣都在這本書裡。

舒緩壓力

- **走向戶外**：去散步、打球、拜訪朋友，或欣賞周遭的美麗風景。夏天時，每天可以花十五分鐘的時間，享受陽光灑在尚未塗抹任何防曬乳的肌膚上，然後才塗上對健康無害的防曬產品。

- **運動**：每天花五分鐘做些簡單、舒服的伸展運動。瑜伽動作「拜日式」式很棒的方式，早上做這個伸展動作特別有益健康。

- **深呼吸**：注意自己的呼吸。以緩慢且平穩的速度，用鼻子吸吐空氣。要注意自己是否會憋氣、鼻鼾、呵欠或用嘴呼吸。若有，就得刻意改變自己的呼吸方式。你應該要感覺到，自己用鼻子慢慢地將空氣吸入體內，然後再慢慢的吐出空氣。當人們面對壓力時，往往會傾向從胸腔，進行急促的淺層呼吸，而不是從腹部做出緩慢且深層的呼吸。我們要努力改掉這個習慣，即使面對壓力，也能緩慢並深層的呼吸。這是相當有效的紓壓方式，讓我們更加專注，思慮也更加清晰。

　　這裡有個很簡單的作法，當你面對壓力或感到焦慮、手腳冰冷、無法放鬆、口乾舌燥時，都可以試著這麼做：

　　採用坐姿並挺直腰桿，或用背部朝下平躺，將一隻手放在胸腔的位置，另一隻手則放在肚子上，讓自己能感受到手掌。隨著呼吸，放在腹部的那隻手應會先感受到起伏，然後才是放在胸膛上的另一隻手。將注意力凝聚在呼吸上，每完成一呼一吸才算是一次完整的呼吸。

　　注意到了嗎？吸入鼻腔的空氣比較冰涼，而呼出鼻子的空氣比較溫暖。然後，你可以開始刻意放慢自己呼吸的速度，讓自己感覺到快要不能呼吸，就好像正在爬坡一樣。

　　接下來，再把呼吸的速度放得更慢，將呼吸的力量放得更加柔軟，讓自己幾乎感覺不到空氣吸入及呼出鼻腔。持續這麼做，直到時間過了五分鐘後，你應該會覺得手腳都溫暖了起來，鼻塞的情況好轉了，嘴裡唾液增加了，情緒也恢復平靜了。

　　下次如果你需要休息一下，無論是在公司或家裡，都能嘗試這個簡單的呼吸練習，幫助你重新調整身體循環，並創造平靜的心境。

兩週的日常運作

　　接下來是執行「全面修復」時，一整天的計劃表範例。你也可以創造屬於自己的健康計劃表。我認為要排定計畫，能有助自己完成每項任務。此外，一定要依據「基因檢測清單一」得出的

結果，決定該吃哪些食物來幫助自己的基因。同時搭配使用下一章的「基因修復食譜」。

- **起床：**選擇對自己較理想的方式，讓陽光自然地喚醒，或設定《睡好覺》的響鈴時間（當你正在淺眠期的時候，《睡好覺》會試著喚醒你，但不會超過你原先設定的響鈴時間）。

- **晨間工事：**今天要從傾聽身體開始，首先喝一杯一百一十五公克白開水，並加入一匙蘋果醋或現擠檸檬汁。

  1. 做「拜日式」。

  2. 如果肚子已經餓了，才吃早餐。

- **早餐：**如果還不餓，就先不吃東西，晚一點再吃就好。

  1. 別因為「必要吃」而吃，而是肚子餓了，才需要吃東西。

  2. 注意自己當下的感受。頭腦清楚、專注，不餓嗎？這樣就不用吃。開始覺得頭腦不清楚、疲倦，而且有點餓了嗎？這時候才吃。

  3. 不可以等到飢腸轆轆或提不起勁，才讓自己吃東西。那些症狀表示身體已經開始儲存血糖，此時你可能會想要狂嗑碳水化合物，讓身體儲存更多的血糖，因此接下來的一整天血糖可能會來回擺盪，產生了溜溜球效應。所以我們要努力讓血糖維持平衡的走勢，關鍵在於自覺心，學習聆聽自己的身體。或許會花點時間建立這樣的自覺心，但一旦你開始不斷的詢問自己「我現在感覺如何？」，你一定會很訝異自己很快就上手了。

- **工作：**隨身攜帶著添加電解質的過濾水。可以從海鹽開始。

1. 辦公前，先給自己十分鐘隨意走走，呼吸一些空氣並活動一下身體。

2. 讓自己充滿生產力。排除分心的事物，好讓自己待會能有更多的閒暇時間。每天先排出需要優先完成的三項工作，並努力完成它們。如果你要求自己完成超過三項工作，那麼就很可能無法全數完成，那種結果挺能令人氣餒的，而且會讓你產生自己無法掌握這一天的想法。所以一定要堅持做好三項工作！

3. 會讓你無法專注目標或工作事項的任何事情，都要說「不」。這麼一來，你會對自己的效率感到無比驚喜。

4. 每小時都要離開位置，讓自己活動幾分鐘。你可以做一些伏地挺身，或上下樓梯。更好的做法是，到戶外呼吸一些新鮮空氣。

■ **午餐：**這可能是你一天最重要的一餐了。

1. 放下手中的電子產品。不要開車。要坐著吃午餐，並跟其他人聊聊天。

2. 細嚼慢嚥。

3. 不要急，慢慢享受這一餐。

■ **下班：**當你已經完成的當天的工作後，為自己規畫一個遠離電子設備的活動。

1. 運動、閱讀、健行或培養自己的嗜好。

2. 去雜貨店採買、洗衣服或打掃房子。

■ **晚餐：**根據當天的活動和當下的感受，決定晚餐。

1. 參考第 13 章的「基因修復食譜」來準備晚餐。

2. 睡前三小時不吃任何東西，除非你擁有快速的 MAOA 基因。

■ **晚間工事：**你在晚上所做的事情，將影響當天晚上的睡眠。

1. 過濾藍光。打開「夜間模式」，或者可以安裝應用程式
　《f.lux》自動調整螢幕亮度和色彩。

2. 列出當天令你心懷感激的事情。

3. 冥想五分鐘。

■ **睡覺：**讓自己有七至八小時的睡眠時間。當覺得累的時候，
表示睡覺時間到了。別繼續撐著（但要記住的是，我們的目
標是晚上十點半就寢）。

1. 喝一杯過濾水。

2. 將手機調為飛航模式。並關閉無線上網功能。

這些建議都是針對平日。同時，也要注意你的其他日程規
劃。以下是我的一些建議：

■ **週末：**維持就寢和起床的時間，應與平日的時間一致。

1. 尊重週末的時光。除非有很重要的事情，否則別把時間拿
來工作。

2. 寫日誌：例如這一週最令你感謝的事情。

3. 安排下週待辦事項。購物、洗衣服、打掃房子和庭院。規
劃全家人能一起參與的活動。分配家事，並請其他家人也
一同幫忙日常事務，好減輕你的負擔。

4. 規劃每一天與朋友、家人和自己的活動。「在家休息」也

可以幫助我們恢復元氣，只要是能令你滿意的活動都可以。

- **假期**：事先規劃。讓其他人知道你的需求和慾望。
  1. 你想去哪裡？
  2. 學校什麼時候開始放假？如果可以的話，在日曆上標示出學校的假期。因為我是自雇人士，所以時間比較彈性。我都會在日曆上標出學校假期，這對我們的家庭生活有非常大的正面影響！現在都是由我負責與孩子們的出遊計畫。
- **不定期的驚喜**：偶爾跳脫日常的生活作息。為你的伴侶和孩子們製造些驚喜。
  1. 去滑雪、家庭野餐或遊覽城市風景─做些純然有趣的事情，讓人會說「不管了，我今天要出去玩。」

　　要注意，這個計劃表的關鍵正是平衡。你需要時間工作，也同樣需要時間休息、玩樂及放鬆。我們既要根據身體的自然節奏作息，也要幫助身體建立作息的常規。如果工作需要長時間久坐，為了尊重身體的需求，每六十分鐘左右就該站起來走動一會兒。當我們吃東西時，這段時間就應該讓自己放鬆並享受食物，如此一來，才能讓身體從壓力模式，切換成放鬆模式。要記住，壓力是真實存在的，是一種可以衡量健康的生理因素。這個日程表能幫助你達到真正的釋放壓力，你的基因會非常感謝你這麼做。

第二週

持續第一週的日常步驟，並改變／加入接下來的內容：

食物

- **按部就班促進食物消化：**飯後還是會有輕微脹氣和放屁的情況嗎？或許你需要更多的消化幫助。起床後，先準備一杯一百一十五公克的過濾水，並加入一湯匙未過濾的蘋果醋。小口飲用直到感覺到胃暖和了起來，就可以了。如果你（疑似）有胃潰瘍，則千萬別這麼做。

- **靜靜地吃飯：**選擇跟朋友或家人邊吃邊聊，或享受獨處的時光。餐桌上不要用電子設備。好好享受用餐的時光，這是滋養你的身體、細胞和基因的機會。要有好的消化能力，是沒有捷徑的。我們有時候因為得邊工作邊吃飯，總是囫圇吞棗般地迅速解決完一份漢堡。想要盡快繼續工作，就絕對不能只用食物來封住你的胃。相反地，要享受這個能滋養你的機會。同時，這也是跟同事、伴侶及孩子們互動的絕佳機會。孩子的童年只有一次，餐敘時光是建立健全家庭的好方法。

營養補充品

- **脂質形式的穀胱甘肽：**許多人都有穀胱甘肽不足的情況，而

這個營養素能幫助無數的重要人體路徑。然而，除非你已經在吃過一顆綜合維他命，否則不能服用。因為綜合維他命能提供所需的營養素，來幫助你利用穀胱甘肽。

1. 連續三天的早餐或午餐前，先從服用三滴開始。

2. 如果你沒感覺到任何改變，或只有一點點改善，接下來連續三天請每天增加到二分之一匙的份量。

3. 如果仍沒感覺到變化，或還是只有一點點改善，那麼接下來三天請每天增加到一匙的份量。如果覺得有改善了，那麼就使用同樣的份量，吃完連續三週後再停止。

4. 如果覺得狀況好極了，就要停止服用穀胱甘肽，直到你覺得需要時才恢復使用。

5. 如果覺得狀況變糟了，先停止服用。此時你需要服用兩週的鉬（molybdenum）和消化酵素（請參考接下來的說明）。然後再次嘗試使用脂質形式的穀胱甘肽。

■ **鉬：**如果口氣、腋下及（或）放屁有硫磺的味道，或者如果你對亞硫酸鹽敏感，並且搭配間歇法，並從 75 微克的鉬開始嘗試。這個劑量應該幾天內就會奏效。如果沒有，你還是要繼續服用鉬，而且要增加劑量，並在接下來的一週內減少攝取含硫食物，同時再次嘗試服用脂質形式的穀胱甘肽。

■ **消化酵素：**如果在用餐期間或餐後，還是有放屁、脹氣或打嗝的情況，則需要補充有益消化的營養素。此時我們可以考慮服用鹽酸甜菜鹼，並搭配服用胰脂肪酶（pancreatic enzymes）。如果你不耐受脂肪或油脂，可以搭配脂解酶

（lipase）或 250 毫克的牛膽汁（ox bile）。

1. 鹽酸甜菜鹼、消化酵素和牛膽汁都需要隨餐一起服用。不過，如果你這餐只打算吃輕食，就不需要吃這些營養補充品。你將從經驗中學習何時需要額外補充營養，以及何時不需要它們。

2. 有胃潰瘍嗎？在潰瘍痊癒以前，不要吃鹽酸甜菜鹼及消化酵素。你可以吃肌肽鋅（zinc carnosine）、蘆薈汁及左旋麩醯胺酸（L-glutamine），都有助修復胃潰瘍。

排毒

- **避免使用清潔劑**：簡單的方法就很有效了：熱水、無香味肥皂、醋、鹽巴、小蘇打粉。要記住的是，如果有味道，就會汙染基因。

- **加裝濾水器**：多層式濾水器是很棒且經濟的方式，就能飲用到乾淨的水。瓶裝水通常品質不佳。不要使用 Brita 的濾芯，因為這種濾芯只能過濾水中的氯，濾芯耗材會比其他廠牌的價格更昂貴，水還會接觸到塑膠。**浴室的水龍頭要加裝濾芯，來排除用水中的氯**。氯會傷害我們的肺臟、肌膚和頭髮。安裝好濾芯後，只消一週的時間，你就能發現肌膚和髮質都變好了。等肌膚習慣了不含氯的水質後，你甚至不再需要任何乳液或晚霜了。

- **使用 HEPA 濾芯吸塵器**：簡陋的吸塵器會揚起更大量的灰

塵，遠遠超過集塵袋裡的灰塵。買一臺高評價的吸塵器，能享受它的優點好幾年呢。這是一種持續性的投資！盡量少用地毯。如果情況允許的話，可以考慮換成磁磚、石磚或木板，來減少灰塵和化學品繼續挑釁你的基因。

- **清潔或更換暖氣濾芯：**別吝嗇，骯髒的暖氣設備會增加 GST ／GPX 基因的負擔，進而汙染其它的基因。
- **清潔通氣管：**如果你家使用的是壓縮式暖氣機，而且有兩年沒有清理通氣管，那麼你一定得撥出時間完成這件工作。
- **清理所有的存水彎和排水管：**轉開水管，並一一拆解出來，然後用熱肥皂水徹底刷洗乾淨。水管內壁也要刷乾淨。你會很驚訝地發現，裡面居然裝了滿滿的垃圾！

睡眠

- **晚上十點半就寢：**當我們真正做到日出而作，日落而息後，將能獲得充沛的活力。
- **日出而作：**讓陽光叫你起床。如果無法這麼做，可以考慮使用日出鬧鐘，來幫助模擬早晨的陽光。

紓解壓力

- **睡前至少冥想三分鐘：**可以使用傳統方式進行冥想。這裡的關鍵是要持續冥想，每天三分鐘更勝於一週二十分鐘。

- **速覽新聞**：停止看新聞節目，也不要參與負面的交流。我已經超過十年來，都沒有看新聞節目了。然而我還是知道發生了什麼事情，所以你也辦得到。設定好 Google Alerts 的快訊通知，或訂閱你喜歡的線上新聞，並選擇頭條新聞。只要瀏覽你真正需要知道的新聞，其它就不必了。
- **減少使用社群媒體**：每天使用兩次社群媒體是無礙的，但如果你花更長的時間，我敢保證這種行為已經讓你增加了莫大的壓力，遠遠地超過放鬆壓力的效果了。我們會因為上網而得到更大的壓力，部份原因是因為，電腦螢幕發射出的藍光會刺激我們，加上那些新聞會讓我們大動肝火，而且沒有人可以一起消化那些情緒。然而，跟所愛的人相處，能讓壓力程度下降，這是因為你得到了安全感，以及跟真實世界有所連結。不相信嗎？等你完成這四週的療程，請再繼續這麼做。幾週後你會發現，徹底脫離那些社群媒體的感覺有多麼美妙！

貫徹執行

我和我的家人已經持續執行這個療程好幾年了。我與世界各地的病人和病患分享這個做法，也持續收到他們的電子郵件，告訴我這個方法幫助了許多人克服了原本以為沒轍的健康問題。我知道我也能幫助你。

不過，不需要著急。如果你覺得這個療程有幫助到你，而且

你目前足以應付的，你已經取得領先的位置了。只要你覺得有需要，就能持續「全面修復」的療程。你可以持續三週、一個月、九十天，一年也行。只要健康能持續改善並前進，就不需要先展開「重點式修復」的療程。

事實上，直到你覺得自己進行「全面修復」已經夠久了之前，我不希望你進入「重點式修復」。直到你已經進入了「停滯期」，否則不需要開始進行「重點式修復」。

從這個方式想，「全面修復」維持基因乾淨的一種生活方式，不是暫時性療程。這種生活方式能讓我掌握髒基因。然而，當我的壓力特別大、生病或受傷、接觸較多化學品、或感覺不太對勁的時候，我使用「基因檢測清單二」找出哪些是髒基因。這時候，我才會進行「重點式修復」。一旦我恢復健康後，我又會回到第一階段的日常生活方式了。

好好享受這個階段的療程！兩星期後，我知道你一定會有更棒的感受！

第13章 用美味料理
養出好基因

是啊，我知道你的生活忙碌。你想要從容不迫地改變飲食和感受。你希望有個二十八天的療程，讓你現在只要照辦就好。

沒問題，但接下來的六個月？一年？二年？十年呢？

如果我就這麼提供一份制式的菜單，要你按表操課反而是在幫倒忙。因為我並不知道你每天的活動安排。我不知道你住哪裡，也不知道你所在國家的氣候和當季的食物，我甚至也不知道你喜歡吃些什麼、對哪些食物有什麼反應、或討厭吃什麼。

就某些情況來說，制式菜單固然方便。不過，如果是為了治療特定疾病，比方說體重過重、腸漏症、自體免疫系統疾病等，或許你正需要這個樣子的菜單計畫。

然而在這本書中，我們要做些完全不同的事情。我要教導你有關身體的所有運作方式，以及基因的運作方式。現在你已經學會了甲基化循環的運作，也認識了「七大基因」，以及它們被汙染的原因。

所以與其提供菜單，我規劃了各種超級健康的食譜，包含我自己跟太太和孩子們平常在家吃的料理。每道食譜都有說明能幫助哪些基因，以及可能會讓哪些基因汙染。

為什麼我要提供可能會把基因汙染的食譜呢？嗯，因為要每道菜幫助所有的基因，是幾乎不可能的事。你要找出哪些基因正在製造麻煩，並利用特定的食譜，以及不使用其他的食譜。

比方說，有些食譜要用到番茄。但是若帶有問題的 DAO 基因，或許得拿掉食譜中的番茄，或找尋其他的食譜來幫助修復 DAO 基因。

我該如何選擇食譜呢？

■ 一開始進行「28 天基因修復療程」，你會先完成「基因檢測清單一」。兩週後，你會完成「基因檢測清單二」。每個清單能幫助你，將注意力放在髒基因上。

■ 找出能重點修復的食譜。看看你喜歡那些食譜，也可以加入你已經會做的類似食譜。

基因餐飲指引

MTHFR 基因

■ 使用綠葉蔬菜或豆類的食譜。

■ 幫助 PEMT 基因的食譜。

慢速 COMT 基因及慢速 MOAO 基因

■ 均衡蛋白質、碳水化合物及脂肪的早餐。

■ 均衡蛋白質、沙拉及脂肪的午餐。

■ 少點蛋白質、多點沙拉，以及脂肪的晚餐。

快速 COMT 基因及快速 MOAO 基因

■ 均衡蛋白質、碳水化合物及脂肪的早、午、晚餐。

DAO 基因

■ 只吃新鮮烹調的食物，拒絕隔餐食物。

■ 只吃新鮮的海鮮和肉類，且烹煮前要徹底清洗並瀝乾水份。

■ 使用低組織胺含量食物的食譜。

■ 能有助代謝或減少組織胺含量較高食物的食譜。

GST／GPX 基因

■ 含有蛋、綠葉蔬菜及（或）十字花科蔬菜的食譜。

NOS3 基因

■ 有助 GST 基因、MTHFR 基因或 PEMT 基因的食譜。

■ 能平衡 COMT 基因與 MAOA 基因的食譜。

■ 含有堅果及種籽的食譜。

PEMT 基因

■ 含有蛋、甜菜、藜麥或羊肉的食譜。

■ 有助 MTHFR 基因的食譜。

　　如果可能的話，選擇有機成分，並使用過濾水來調理食物。傳統「工廠化養殖」的肉類、魚類和農產品都會汙染我們的基因，未過濾的水也是。此外，我建議大家都要淘汰食鹽，改用富含礦物質的喜馬拉雅岩鹽或凱爾特海鹽。既然要進行「食療」，一定得讓自己吃到「乾淨」、有益健康的食物！

早餐

突尼西亞式早餐湯佐水波蛋

　　這是道相當受歡迎的早餐，突尼西亞人經常用這種方式來燉煮鷹嘴豆，他們稱這道料理為「烤鷹嘴豆」。可依喜好用煎蛋或全熟水煮蛋，取代水波蛋。為了忠實呈現這道菜的風味，辣醬應

選用哈里薩辣醬（harissa），許多超市都有販售這種辣醬。

　　這道豐盛的早餐，能幫助所有的基因。如果你的 DAO 基因出問題，請不用使用這種辣醬（除非有適合的辣醬取代）。

　　四人份
　　雞高湯或蔬菜湯 4 杯
　　鷹嘴豆，1 罐（瀝乾後備用）
　　甜菜葉或芥菜，並切成 2 吋的長度備用 4 杯
　　孜然粉 1 大匙
　　辣椒粉 1 茶匙
　　粗海鹽 1/2 茶匙　可依個人口味酌增
　　辣醬 1 茶匙
　　現擠檸檬汁 2 大匙
　　冷藏雞蛋 4 顆
　　無麩質厚片麵包 4 片，事先烤好備用
　　水 用平底鍋盛裝，水量至 7.5 公分深度

做法：

一、用一支小號醬汁鍋，將高湯加熱至適當溫度。加入鷹嘴豆、蔬菜、鹽及辣醬。烹煮至蔬菜全熟變色。

二、接下來要準備水煮蛋，首先將水注入平底鍋中，水的高度要達 7.5 公分。加入檸檬汁並攪拌後，加熱至適當溫度。一次料理兩顆蛋，把蛋打入水中後，水煮約三分鐘（如果喜歡半熟蛋黃，可以煮二分鐘後關火；如果喜歡蛋黃熟一點，可以煮

四分鐘再關火）。使用一支中空的湯匙，輕輕地把蛋撈出來，並放在紙巾上。

三、將烤好的麵包分別放入四個碗中。將醬汁鍋裡的鷹嘴豆湯淋在麵包上，然後放上水波蛋。最後淋上辣醬。

林區醫師的早餐奶昔

嗯……香氣撲鼻的漿果、杏仁奶，加上一些富含蛋白質的種籽，可以增添纖維和口感。簡單、迅速又營養，忙碌時，這就是最棒的早餐了。

這杯快速又簡易的奶昔，能幫助我們所有的基因。如果你需要幫助快速 MAOA 基因及（或）快速 COMT 基因，還可以加入多一點的蛋白粉。如果你有慢速 COMT 基因及（或）慢速 MAOA 基因，就要減少蛋白粉的用量。

二人份

杏仁奶 3 杯

冷凍藍莓 1/2 杯

冷凍覆盆 1/2 杯

奇亞籽 2 大匙

亞麻籽 2 大匙

大麻籽 2 大匙

豌豆蛋白粉 1 至 1 又 1/2 大匙

做法：

把所有材料都加入調理機，並攪拌至滑順質地。就可以倒出來品嚐美味了！

炒蛋配羽衣甘藍及胡蘿蔔

這道菜是用美國家常方式的炒蛋，搭配蔬菜的纖維和營養，讓你獲得雞蛋中豐富的膽鹼，以及羽衣甘藍帶來的甲基葉酸。這道早餐能幫助所有的基因。然而，如果你的 DAO 基因出問題，則不要加入辣醬。

二人份

酥油 2 大匙，均分為兩等份備用

雞蛋 5 至 6 顆

粗海鹽 1/2 茶匙

水 1/8 杯

大蒜 1 瓣，切成蒜末或用搗蒜器壓碎備用

黃洋蔥 1/2 顆，片成薄狀備用

羽衣甘藍 1 把，將菜梗及菜葉分開，菜梗切成 0.5 公分的長度、菜葉切成 7 公分的長度備用

胡蘿蔔 1 根較大型的胡蘿蔔，削皮後薄切成半月形備用

熟火腿或培根 3 條，切碎備用

現磨黑胡椒 1/4 茶匙

辣醬（非必要）

做法：

一、用平底鍋加熱 1 大匙酥油至中高溫。

二、讓平底鍋繼續加熱；取一個碗先打入雞蛋，加入鹽和水。

三、將蛋液倒入熱鍋中，用鍋鏟輕輕地攪拌蛋液，直至完全熟透。把蛋移出熱鍋後關火，接著開始處理蔬菜。

四、用另一支平底鍋，加熱 1 大匙酥油至中高溫。等到油熱了之後，加入蒜末和洋蔥，炒至交黃色。加入羽衣甘藍的菜梗、胡蘿蔔，以及火腿或培根。炒至胡蘿蔔變軟後，加入菜葉並攪拌。用胡椒和鹽巴調味。蓋上鍋蓋並關火。要悶三至四分鐘，才能入味。

五、盛盤時，先將炒蛋分裝到碗裡，再添上炒青菜。可依個人喜好加一些辣醬。

苦苣菲達乳酪烘蛋

　　這道烘蛋可以熱著吃或放涼至室溫，都非常美味。加入火腿或香腸，可以增添蛋白質。

　　按照我的食譜，這道菜能有益 GST ／ GPX 基因、PEMT 基因、快速及慢速的 COMT 基因，以及快速及慢速的 MAOA 基因。如果是 DAO 基因出問題，就不要加起司和蘑菇，而且一定要使用新鮮（不要選用醃製的）火腿。

　　四人份
　　雞蛋 8 顆

杏仁奶 4 大匙

綿羊奶或山羊奶製的菲達乳酪 4 大匙，切成 1.25 公分的大小，依食譜
等分備用

粗海鹽 1/2 茶匙

現磨黑胡椒 1/2 茶匙

酥油 4 大匙

洋蔥丁 2 大匙

蘑菇 6 朵大小適中的蘑菇，切成 1.25 公分的大小備用

苦苣 450 公克，切成 1.25 公分的大小備用

熟火腿丁 1/2 杯，或者將熟香腸 2 條切成 1/4 吋的丁狀備用

做法：

一、將烤箱預熱至 233°C。

二、將雞蛋、杏仁奶、半份菲達乳酪、鹽和胡椒打勻。

三、取一只 12 吋寬的烤箱專用鍋，加熱酥油。加入洋蔥並拌炒約
　　五分鐘至適當溫度以上，直到洋蔥的顏色呈現半透明。加入
　　蘑菇後再拌炒五分鐘。加入苦苣，拌炒約五至七分鐘，直到
　　蔬菜全熟變色。

四、加入火腿丁或香腸丁攪拌均勻後，使所有材料平均鋪滿整個
　　鍋底。

五、將蛋液倒入鍋中並覆蓋住蔬菜和肉丁，持續加熱至蛋液開始
　　凝固。

六、灑上剩下的菲達乳酪。將鍋子放入已預熱的烤箱。烤五分
　　鐘，直到烘蛋完全凝固，但不至於變得焦黃。

藜麥早餐粥

　　比起傳統早餐，這是道既便利又美味的熱穀片早餐。另外可搭配一片培根、一杯山羊奶或一顆蛋，來攝取蛋白質。

　　對於早上習慣吃清淡的口味的人，這道菜你一定會喜歡。雖然這碗粥無法直接幫助到你的基因，但基因也不會被過量的食物汙染。這是道很棒的早餐，可以幫助你轉換傳統的早餐穀片。

　　二人份
　　水 3 又 1/4 杯，另準備一些水要清洗藜麥
　　藜麥 1 杯
　　粗海鹽 1/2 茶匙
　　酥油（點綴用）1 大匙
　　葡萄乾（點綴用）
　　杏仁奶或山羊奶（點綴用）
　　楓糖漿（非必要）

做法：

一、將藜麥放入一只小鍋中，並加點水清洗一下。把水分瀝乾。

二、加入剩下的水和鹽後，開始煮藜麥。用小火煨煮，並蓋上鍋蓋。需煨煮約十七分鐘。

三、盛裝至碗裡，淋上酥油、葡萄乾及杏仁奶或山羊奶。依個人喜好，也可以加入幾滴楓糖漿。

堅果風味燕麥片

　　這道早餐裡有燕麥和各種堅果和種籽，讓我們用這道方便又營養的早餐，開始美好的一天。

　　要幫助 NOS3 基因、慢速 COMT 基因和慢速 MAOA 基因，這是很棒的一種方式。至於有快速 MAOA 基因或快速 COMT 基因的人，建議加入一片香腸肉餅、一片培根或一顆全熟水煮蛋，來攝取蛋白質。

　　四人份
　　水 4 杯
　　椰子油 1 大匙
　　肉桂粉 1 大匙
　　多香果粉 1 茶匙
　　肉豆蔻粉 1 茶匙
　　薑黃粉 1/4 茶匙
　　香草精 1 大匙
　　杏仁醬 2 大匙
　　無麩質大燕麥片 2 杯
　　亞麻籽 3/4 杯
　　生南瓜籽 1/2 杯
　　生葵花籽 1/4 杯
　　生核桃 1/2 杯，切碎備用
　　無糖椰漿 1/4 杯，亦可依個人口味酌增份量
　　切碎的開心果丁（點綴用）1/2 杯
　　切碎的杏仁（點綴用）1/4 杯

做法：

一、取一只中尺寸的醬汁鍋，加熱水、椰子油、香料粉、香草精及杏仁醬。用慢火煮沸並攪拌，然後關小火持續煨煮。

二、加入燕麥、種籽和核桃。蓋上鍋蓋，繼續煮十分鐘，或者煮到你喜歡的軟硬度。盛裝後淋上椰漿，並搭配開心果和杏仁一起食用。

惡魔早餐

這道菜會使用到煙燻鱒魚片。你可以到超市的魚肉部門，找到包裝好的煙燻魚片。

這道菜有益 GST／GPX 基因、PEMT 基因、快速和慢速的 COMT 基因，以及快速和慢速的 MAOA 基因。雖然這道菜不影響 DAO 基因，蛋如果你對組織胺比較敏感，請不要使用鱒魚、芥末及番茄。

四人份
新鮮雞蛋 8 顆
美乃滋 3 大匙
第戎芥末醬 1 大匙
辣醬 1/4 茶匙
粗海鹽 1 茶匙
現磨黑胡椒 1/2 茶匙
辣椒粉（點綴用）1 茶匙
已成熟的柳丁或黃番茄 4 顆，切片備用

紅洋蔥 1 顆小紅洋蔥，切薄片備用（非必要）

小蘿蔔 12 顆，對切備用

煙燻鱒魚片 340 公克，切成 2.5 公分的長度備用

綜合嫩葉蔬菜 4 把，亦可使用等量的嫩葉芝麻菜

做法：

一、將雞蛋放入一只厚底醬汁鍋中，注入冷水，水的高度至少要 2.5 公分。

二、開火將水煮沸。

三、當沸水翻出大氣泡後，便將鍋子離火並蓋上鍋蓋，靜置十五分鐘。接著把蛋撈出來，放入裝有冷水的碗中靜置十分鐘。

四、去蛋殼，並以縱向對切一半。輕輕地取出蛋黃。將蛋黃搗碎，混入美乃滋、芥末醬及辣醬。加入鹽及胡椒，來調整口味。

五、將蛋黃料填入蛋白。最後撒上辣椒粉。

六、使用淺盤盛裝，放上雞蛋、番茄、洋蔥、小蘿蔔、鱒魚片和蔬菜。

生薑蔬菜奶昔

這杯金黃色的香甜奶昔，不只是外表好看，風味更是好極了。這杯奶昔能幫助 MTHFR 基因、GST／GPX 基因、慢速 COMT 基因，和慢速 MAOA 基因。

一人份
酪梨丁 1/2 杯，削皮去核備用
新鮮香芹 1/2 杯，切碎備用
新鮮羅勒 1/4 杯，切碎備用
羽衣甘藍 1/2 杯，去梗後切碎備用
生薑泥 1/2 茶匙
現擠檸檬汁 1 茶匙
杏仁奶 1/2 杯
中鏈三酸甘油脂（MCT）油 1 茶匙
豌豆蛋白粉 2 大匙

做法：
使用調理機或食物處理機，放入所有食材後打至柔順狀即可。

午餐／晚餐

根莖菜湯

　　地瓜、胡蘿蔔、根芹菜及龍蒿，更襯托出了雞湯的甜味！菊芋是一種神奇蔬果，對肝臟以及微生物體都能受益。

　　好好享受這碗豐盛的湯品，因為所有的基因都會受到幫助。另外，加入雞胸肉，或者也可以選擇其他肉類，來幫助快速 COMT 基因及（或）快速 MAOA 基因。

四人份

椰子油 2 大匙

洋蔥 1 顆，切丁備用

大蒜 2 瓣，切成蒜末備用

地瓜 3 條，削皮後切成一口大小備用

胡蘿蔔 3 條，削皮後切成一口大小備用

歐防風 3 條，削皮後切成一口大小備用

蕪菁 2 條，削皮後切成一口大小備用

根芹菜（又稱塊根芹）1 條，削皮後切成一口大小備用

菊芋 3 塊，洗淨並削皮後切成一口大小備用

雞高湯 950 克

水按個人需求加入

新鮮龍蒿 3 大匙，切碎備用

新鮮香芹 2 大匙，切碎備用

新鮮百里香 1 茶匙，切碎備用

粗海鹽 1 茶匙，可依個人口味酌增份量

現磨黑胡椒 1 茶匙，可依個人口味酌增份量

無骨去皮雞胸肉 2 份，煮熟並切成半吋塊狀備用

做法：

一、取一只大湯鍋，開火熱鍋至適當溫度後，加入椰子油繼續加
　　熱，接著加入洋蔥翻炒至軟化。

二、加入大蒜，拌炒約三十秒。加入蔬菜翻炒均勻。

三、倒入雞高湯，如需要可以加點水。加入所有的香草、鹽和胡
　　椒。

四、用中火煮四十五分鐘，或直到全部的蔬菜都已經煮軟。加入
　　雞胸肉（隨個人喜好）。最後依個人口味，加入鹽和胡椒調
　　味後即可盛盤。

冷羅宋湯

　　好好享受這碗沙拉湯，超級爽口又美味。這個夏天一定要喝
兩次，是解酷暑的絕佳妙計！這是俄羅斯風味的西班牙冷湯，可
以滋養我們所有的基因。

　　四人份
　　水 10 公升
　　煮熟甜菜根 220~340 公克，冷卻削皮後切成細條狀備用
　　檸檬 1/2 至 1 顆，擠汁備用（若不喜歡吃酸則免）
　　粗海鹽及現磨黑胡椒（調味用）
　　小紅蘿蔔 1 小束或白蘿蔔 170 公克，先對半切，再片薄成半月形備用
　　大型黃瓜 1 條，先對半切，再片薄成半月形備用
　　新鮮蒔蘿 1/3 杯，切碎備用
　　新鮮青蔥或細香蔥 1/3 杯，切碎備用
　　新鮮香芹 1/3 杯，切碎備用
　　碎火腿（非必要）170~220 公克
　　全熟水煮蛋 1 至 2 顆，切碎備用（非必要）
　　美乃滋或原味山羊奶優格（點綴用，每份 1/2 至 1 茶匙）
　　另外準備青蔥、細香蔥、香芹及（或）蒔蘿（點綴用）

做法：

一、取一只大鍋，加入水、甜菜根絲、檸檬汁、鹽和胡椒。加入
　　小蘿蔔、黃瓜及碎香草。

二、將整鍋湯放入冰箱，冰鎮至少三十分鐘，讓食材混合味道。

三、將冷湯舀入碗中。可以個人喜好加入火腿及雞蛋。最後淋上
　　美乃滋或優格，並加點現切的香草。

泰式椰奶雞湯

　　混合了異國蔬菜和香料，讓這碗湯不只滋養的身體，更能撫
慰心靈。如果還想要更多變化，也可以搭配煮熟的印度香米。

　　這道湯品能滋養所有的基因，但如果有慢速 MAOA 基因或慢
速 COMT 基因，晚餐就要少吃點蝦肉和雞肉。

　　四人份
椰奶 2 罐（一罐 200 公克）
自製或現成雞高湯 5 又 1/2 杯
綠咖哩醬 1/4 杯
現擠萊姆汁 10 又 1/2 大匙，亦可選用現擠檸檬汁
生薑泥 1 大匙
雞胸肉 450 克，切成細條狀備用；或鮮蝦 450 克，去蝦殼備用
胡蘿蔔 1 條，先切對半，再片薄成 0.5 公分的半月形備用
芹菜 2 枝，片薄成 1/4 吋備用
青江菜 2 束，切成 1 吋的長度備用
新鮮芫荽 1/4 杯，切碎備用（點綴用）

新鮮羅勒 1/4 杯，切碎備用（點綴用）

做法：

一、用中火熱鍋，拌入椰奶、雞高湯、綠咖哩醬、萊姆汁（或檸檬汁），及生薑。煮至沸騰。

二、加入雞肉或蝦肉。繼續煨煮十分鐘並不時攪拌，或煮到雞肉或蝦肉完全熟透。

三、加入胡蘿蔔煨煮三分鐘。加入芹菜及青江菜。然後關火，蓋上鍋蓋，靜置三分鐘。

四、用湯分裝到四只碗中，最後以芫荽及羅勒點綴即可。

俄羅斯式「穿皮草」沙拉（當地稱「Shuba」）

這道沙拉的傳統做法是使用鹽漬鯡魚，但到了我家，我跟家人都比較喜歡美國西南風味，用阿拉斯加鮭魚取代。

這是我個人最愛的沙拉之一。非常適合有慢速 COMT 基因或慢速 MAOA 基因的人。這道菜也能幫助我們所有的基因，包含 DAO 基因。

四人份
甜菜根 450 克，洗淨但不須先削皮
胡蘿蔔 1 條大一點的胡蘿蔔，或大小適中的胡蘿蔔 2 條
馬鈴薯 2 顆大小適中的馬鈴薯
冷燻野生阿拉斯加鮭魚 225 公克，切成小塊備用

紅洋蔥或黃洋蔥 1/4 杯，切碎備用

葡萄籽油或核桃油 1 至 2 大匙

現磨黑胡椒 1/4 茶匙

乾蒔蘿 1 茶匙，或新鮮蒔蘿 1/4 杯（切碎備用）

原味或無蛋美乃滋 1/2 杯

做法：

一、為了方便當天使用，前一晚先將蔬菜煮熟並冷卻。甜菜根要
　　和胡蘿蔔、馬鈴薯分開煮熟。因為胡蘿蔔和馬鈴薯比較快
　　熟，而且分開煮才不會也染上甜菜的顏色。用小火水煮整顆
　　甜菜根，水要完全蓋過甜菜根，烹煮時間四十至六十分鐘。
　　用小火水煮胡蘿蔔和馬鈴薯，水一樣要完全蓋過蔬果，烹煮
　　時間二十至四十分鐘。

二、取一只 5×8×3 吋大小的玻璃烤盤，拌入魚肉、洋蔥、油、
　　胡椒及蒔蘿。攪拌均勻後平鋪在盤子上。

三、馬鈴薯冷卻後切成細絲，填入第二層餡料。

四、胡蘿蔔冷卻後，削皮並切成細絲，填入第三層餡料。

五、甜菜根冷卻後，削皮並切成細絲，填入第四層餡料。

六、混合美乃滋和些許的水，做成糊狀的醬料。將醬料均勻地塗
　　抹在沙拉最上方。蓋上烤盤上蓋後，放入冰箱冷藏十五至
　　二十分鐘，讓美乃滋冷卻後凝固。

七、依個人口味可以加點鹽。這道菜是涼著供應，分菜時一定要
　　確保每份都有四層沙拉。

綜合蔬菜堅果咖哩

這是一道杏香四溢的蔬食料理，也可隨個人喜好加入雞肉或豬肉，增添不同的風味。無論是搭配綠葉蔬菜或三色沙拉，都很美味。

這道美食對所有的基因都有著非常大的幫助，特別是對慢速 COMT 基因和慢速 MAOA 基因。有快速 COMT 基因或快速 MAOA 基因的人，應多加點蛋白質。擁有頑劣 DAO 基因的人也能相當耐受得了這道菜。

四人份
水 4 杯
白花椰菜 1 朵，去芯後分成小朵狀備用
小地瓜 6 條，削皮後切塊狀備用
胡蘿蔔 3 條大一點的胡蘿蔔，削皮後切成 1/2 吋塊狀備用
洋蔥 1 顆，切成塊狀備用
核桃油 1/4 杯
大蒜末 1 大匙
生薑 2 大匙，切絲備用
墨西哥辣椒 1 茶匙，去籽切絲後備用
咖哩粉 2 大匙
薑黃粉 1 茶匙
高麗菜 1/2 顆，切細條備用
杏仁奶 2 杯
杏仁醬 1 大匙
熟鷹嘴豆 1 杯，或使用罐裝並瀝乾水分備用

粗海鹽 1 茶匙，可依個人口味酌增份量

現磨黑胡椒 1/2 茶匙，可依個人口味酌增份量

碎杏仁 3 大匙

切碎的香芹或芫荽（點綴用）3 大匙

原味椰絲（點綴用，非必要）4 茶匙

做法：

一、取一只大型醬汁鍋，加入水、白花椰菜、地瓜及胡蘿蔔。水的份量應比蔬菜高 2 吋的高度。煮沸後持續高溫滾沸七分鐘，或直到叉子可以輕易穿透馬鈴薯後才離火。蔬菜瀝乾水分後擱置一旁備用。

二、取一只 12 吋的烤盤，用核桃油炒洋蔥，轉至中火翻炒三分鐘，或直到洋蔥變軟為止。加入大蒜、生薑、辣椒、咖哩粉及薑黃粉。拌炒均勻後，用小火煨煮二分鐘。

三、加入煮熟的白花椰菜、地瓜和胡蘿蔔，再放入生高麗菜絲，輕輕地拌炒約五分鐘。

四、加入杏仁奶、杏仁醬及鷹嘴豆，煨煮十五分鐘。

五、依情況加入杏仁奶，增添燉菜鮮豔的顏色。

六、最後依個人口味使用鹽和胡椒調味。上菜時，撒上碎杏仁、香芹或芫荽，以及椰絲作為點綴。

懶人菜捲

傳統的高麗菜捲非常費工。「懶人版」的菜捲使用一樣的材

料，美味依舊卻只需要少一點時間，因為這次不需要裝填高麗菜葉再包成菜捲。為了更簡化這道菜，你也可以不要加米飯，這道菜也會是道美味的牛肉燉菜。

　　這道懶人料理對所有的基因都很有幫助，味道也一極棒。這是林區家族最愛的冬季晚餐。

　　六人份
　　酥油 1 大匙
　　白洋蔥或黃洋蔥 1 顆，切碎備用
　　牛絞肉 450 克
　　粗海鹽及現磨黑胡椒（調味用）
　　胡蘿蔔絲 1 杯
　　切碎的紅色甜椒（非必要）1/4 杯
　　高麗菜 1 顆，切絲備用
　　另外也可以準備 1 杯生白米（或 1 杯半熟糙米）

　　醬汁材料：
　　水 5 又 1/2 杯
　　番茄醬或新鮮番茄泥 1/2 杯
　　美乃滋、酸奶油或原味山羊奶製優格 2 至 3 大匙
　　大蒜 1 至 2 瓣，切成蒜末備用

做法：
一、取一只大型烤盤，用中高溫加熱酥油。加入洋蔥，並翻炒至
　　金黃色。加入牛肉、鹽和黑胡椒，拌勻後繼續烹煮十分鐘。

如有需要，可以將油脂瀝除。

二、加入胡蘿蔔和甜椒，繼續烹煮二分鐘。加入高麗菜絲和白米（非必要），將溫度調低，繼續煨煮至蔬菜變軟，米飯完全熟透。

三、取一只碗，加入所有的醬汁材料。將調好的醬汁倒入烤盤中混合。等到食物煮滾後，蓋上鍋蓋，繼續煨煮十五分鐘。如果你喜歡比較稀的醬汁，可以加點水再煮開。

四、用六只碗分配。最後依個人喜好，擠上美乃滋、酸奶油或優格做為點綴。

活力蔬食沙拉搭配林區家的獨門醬料

這道活力蔬食沙拉使用了各種蔬菜，你可以選擇接下來列出的所有食材，或者選擇其中的幾種，也可以放你自己喜歡的蔬菜！

這道沙拉有益 MTHFR 基因、慢速 COMT 基因、慢速 MAOA 基因，以及 GST／GPX 基因。另外，對 DAO 基因的人可能得拿掉橄欖；有快速 MAOA 基因及（或）快速 COMT 基因的人應加入雞肉絲。

四人份

羽衣甘藍 2 杯，去梗切絲備用

綜合嫩葉蔬菜 4 杯

西洋菜 1 杯，去梗備用

芝麻菜 2 杯

新鮮龍蒿 1 大匙及 2 茶匙，切碎後依份量分開備用

林區家的獨門醬料（請參考第 287 頁）

苦苣葉 16 片

細蘆筍 16 根

蜜豆 2 杯

酪梨 2 顆，削皮去核後切片備用

黃瓜 1/2 條，削皮去籽後切片備用

青椒 1/2 杯，切塊備用

球莖茴香 1 顆大一點的茴香，片薄備用

去籽綠橄欖 1/2 杯，可依個人口味酌增份量

做法：

一、取一只碗，混合羽衣甘藍、嫩葉蔬菜、西洋菜及芝麻菜。

二、再拿出另一只碗，加入 2 茶匙龍蒿及林區家的獨門醬料。在
　　裝著沙拉的碗裡，淋上 2 大匙的醬汁。

三、將沙拉均分為四盤。在四周擺上苦苣葉，將苦苣葉根塞入沙
　　拉裡面，只要露出葉尖的部份即可。將細蘆筍放在苦苣葉
　　上，切面朝下插入沙拉裡面。

四、再拿出另一只碗，混合蜜豆、酪梨、黃瓜、青椒、球莖和綠
　　橄欖，加入 2 大匙醬汁。用湯匙淋在沙拉上，最後撒上剩下
　　的碎龍蒿。

朝鮮薊蘆筍松子溫沙拉

溫沙拉是一年四季都適合的料理，特別是這道沙拉，富含了各種風味和口感。

對於 MTHFR 基因、慢速 COMT 基因、慢速 MAOA 基因或 GST 基因出問題的人，這會是道很美味的午餐和晚餐。然而，DAO 基因出問題的人，則需減少第戎芥末醬和松子的用量，但因為這些材料的用量不大，所以只要能耐受就好。

四人份
朝鮮薊 4 顆大小適中的朝鮮薊
水
現擠檸檬汁 1 茶匙
蘆筍 16 支，切除底部 1/4 部份後備用
野米 2 杯，煮熟後備用
酥油 1 大匙
松子 2 大匙
青江菜 450 克，切絲備用

沾醬材料：
現擠檸檬汁 6 大匙
檸檬皮屑 2 茶匙
第戎芥末醬 1 茶匙
粗海鹽及現磨黑胡椒（調味用）
橄欖油 1/2 杯
亞麻籽油 3 茶匙

做法：

一、用剪刀去除每顆朝鮮薊的刺棘及根部，只留下約 1 吋長的菜莖即可。用一只有蓋的大鍋中，放入蒸籠。將水注入鍋中，直到水高及蒸籠底部。加入 1 茶匙檸檬汁。將朝鮮薊放入蒸籠，莖部朝下。蓋上鍋蓋並將水煮沸。轉至中火，並讓朝鮮薊繼續蒸四十分鐘，或直到叉子可以輕易地刺入莖部。瀝乾水分並擱置一旁備用（如果待會你還需要用到這鍋水，就繼續蓋著鍋蓋）。

二、在同一個鍋子加入鹽，加入蘆筍煮熟，或直到蘆筍的外表變得又皺又軟。一樣瀝乾水，並擱置一旁備用。

三、在同一個鍋子，加入米和酥油。等到溫熱後，加入松子並拌勻。

四、接著準備沾醬。使用一個有蓋的罐子，混合檸檬汁、檸檬皮屑、芥末醬、鹽和胡椒。加入二種油，並充分搖晃罐子。可依個人喜好，加入鹽和黑胡椒調味。

五、使用四個盤子，在盤子中間鋪上青江菜，並將飯擺在中間，上面放朝鮮薊，接著將蘆筍擺在周圍。另外可以用鹽和胡椒調味。上菜時，把檸檬沾醬擺在一旁即可。

嫩煎干貝

不是所有的干貝都是一樣的！要選擇「乾」的干貝，不要買「濕」的，我的意思是指干貝去殼後的包裝方式。「乾」的干貝沒有泡在化學保存溶劑中，而且顏色也比較偏珍珠白或粉色。再

搭配上印度香米，以及一盤四季豆炒胡蘿蔔絲和核桃一起享用。

　　這道營養滿分的餐點能有益修復快速 COMT 基因、快速 MAOA 基因、NOS3 基因，以及 PEMT 基因。至於有慢速 COMT 基因和（或）慢速 MAOA 基因的人，則應該少吃一點干貝，就可以了。若是需要修復 DAO 基因的人，只要用新鮮干貝也沒有問題。

　　　四人份
　　　乾干貝 1.25 公斤
　　　粗海鹽 1/2 茶匙
　　　現磨黑胡椒 1/2 茶匙
　　　酪梨油或酥油 2 大匙
　　　現擠檸檬汁 2 大匙
　　　鹽漬酸豆 1 茶匙，過水洗淨後備用
　　　新鮮香芹 1 大匙，切碎備用

做法：

一、清洗並瀝乾干貝。撒上鹽和胡椒調味。

二、取一只 10 吋的烤盤，用高溫加熱油或酥油。

三、迅速地將干貝放上烤盤，不要推疊干貝，也不要讓干貝碰在一起。每一面都要煎一至二分鐘，直到表面成金黃酥脆。將干貝移出烤盤，擺放在餐盤上。

四、在烤盤上，繼續加入檸檬汁、酸豆及香芹到油（或酥油）裡。煮熱後，淋在干貝上即可上菜。

什錦肉糜

這是一道經典酸甜古巴菜色，可以用豬絞肉或牛絞肉做成，搭配糙米和有機玉米餅一起食用。

這道香味四溢的料理有益快速 COMT 基因和快速 MAOA 基因。至於有慢速 MAOA 基因和慢速 COMT 基因的人，晚餐的份量需要酌減，才能限制下半天的蛋白質攝取量。若是需要修復 DAO 基因的人會喜歡這道菜，因為番茄和橄欖都已經煮熟了。然而，如果你還是相當敏感，還是可以剔除這兩項食材。

四人份
椰子油 4 大匙
洋蔥 1 顆，切碎備用
大蒜 3 瓣，切碎備用
豬瘦絞肉 450 公克
孜然粉 5 又 1/2 茶匙
多香果粉 5 又 1/2 茶匙
乾燥奧勒岡草 1 茶匙
肉桂粉 2 又 3/4 茶匙
粗海鹽 1 茶匙
現磨黑胡椒 1/4 茶匙
番茄丁 800 公克，不要瀝乾湯汁
現擠檸檬汁 3 大匙
蜂蜜 2 大匙
葡萄乾 3/4 杯
鹽漬酸豆 2 茶匙，過水洗淨後備用

紅心綠橄欖 2 大匙，切碎備用

做法：

一、使用一只中型烤盤，將油加熱至適當溫度。加入洋蔥炒軟，
　　但不需要到焦黃色。加入大蒜，並拌炒三十秒。

二、取一只碗，混合豬肉、孜然粉、所有香料、奧勒岡草、肉
　　桂、鹽和胡椒，用湯匙充分拌勻所有食材。

三、加豬肉餡加入烤盤，混合洋蔥和大蒜拌炒六分鐘。

四、加入番茄、檸檬汁、蜂蜜、葡萄乾、酸豆和橄欖。繼續煮
　　十五分鐘，或直到肉汁變得濃稠。此時再依個人喜好，加入
　　調味料。

鮮魚湯

　　這是道簡易的魚湯料理，可以加入貝類增添風味。

　　美味的魚湯有助修復快速 COMT 基因、快速 MAOA 基因、
GST／GPX 基因、NOS3 基因或 PEMT 基因的人。至於有慢速
COMT 基因或慢速 MAOA 基因的人，應考慮減少蛋白質的份量，
或者減半使用建議魚肉和貝類份量即可。若是需要修復 DAO 基因
的人，則需使用新鮮的魚肉和貝類，並徹底清淨才能進行烹調。

　　四人份
　　椰子油 2 大匙
　　碎洋蔥 1 杯

大蒜 4 瓣，切成蒜末備用

茴香莖（留下葉子做為點綴使用）1 杯，切碎備用

胡蘿蔔 1 杯，切碎備用

粗海鹽 2 茶匙，可依個人口味酌增份量

現磨黑胡椒 1 茶匙，可依個人口味酌增份量

魚高湯或瓶裝蛤蜊汁 2 杯

水 2 杯

番茄泥 800 公克

茴香 5 顆大一點的茴香

淡菜（非必要）24 顆

新鮮鱈魚或黑線鱈魚 680 公克，切成 5 公分的長度備用

新鮮香芹 2 大匙，切碎備用

乾干貝（非必要）12 顆中小適中的干貝（請參考第 277 頁的說明）

茴香葉（點綴用）1 大匙

做法：

一、取一只 10 吋的荷蘭鍋（或鑄鐵鍋），油熱開後加入洋蔥拌炒，直至洋蔥變軟，且顏色轉為金黃色。加入大蒜，拌炒三十秒。注意不要讓大蒜炒焦。

二、加入茴香莖、胡蘿蔔、鹽和胡椒，拌炒五分鐘。加入魚高湯或蛤蜊汁、水、番茄和大茴香，繼續煮十五分鐘以上，或直至胡蘿蔔變軟。

三、如果有準備淡菜，這時可放入鍋中，煮至貝殼打開即可。

四、先將煮熟的淡菜挑出，放置一旁備用。

五、加入魚肉和香芹。轉小火煨煮，直到魚肉能輕易的分離，時

間大概是五分鐘。

六、如果有準備干貝，這時候可以放入鍋中，煮至貝肉呈不透明色。將干貝先夾出來。

七、依各人喜好，用鹽和胡椒調味。

八、如果已經準備要上菜了，準備四只碗。每個碗裡放置三顆干貝，和六顆淡菜。將熱騰騰的魚湯分配到碗裡，最後用茴香葉點綴即可。

香烤味噌雞佐時蔬

亞洲口味增添了這道傳統烤雞料理的異國風味。你甚至可以搭配糙米或藜麥一起享用。

這道美味佳餚能有助修復 COMT 基因、快速 MAOA 基因和 PEMT 基因。至於有慢速 MAOA 基因或慢速 COMT 基因的人，晚餐時要減少雞肉的份量，同時增加更多的蔬菜。由於味噌會汙染 DAO 基因，若是需要修復 DAO 基因的人，就得考慮不加這項材料。然而，因為味噌有充分煮熟，酌量使用應無礙健康。

四人份

白味噌或黃味噌 4 大匙

葵花籽油或紅花籽油 1/2 杯

蜂蜜 1/4 杯

現擠檸檬汁 2 大匙

生薑 1 茶匙，切碎備用

粗海鹽 1 茶匙

現磨黑胡椒 1/2 茶匙

雞胸肉 4 塊，或雞腿肉 8 支，帶骨帶皮即可

胡蘿蔔 3 條，切成 1.25 公分的長度備用

白花椰菜 1 支，去芯後切成 1.25 公分的大小備用

烤白芝麻（點綴用）2 茶匙

做法：

一、烤箱預熱至 218°C。

二、使用上下層的兩個烤盤，先鋪一層烘培紙並刷上食用油。

三、取一只碗，混合味噌、油、蜂蜜、檸檬汁、生薑、鹽和胡
　　椒。先舀出 2 大匙醬汁備用，剩餘的醬汁則均分裝置兩只大
　　碗。

四、在一只裝有醬汁的碗中，加入雞肉並刷上味增醬，再醃製
　　三十分鐘以上。用另一個裝有醬汁的碗中，在進烤箱前加入
　　胡蘿蔔和白花椰菜。在第一個烤盤上，平鋪一層雞肉；另一
　　個烤盤則放置蔬菜。

五、用烤箱烘烤三十分鐘，或直到雞皮變脆，且雞肉的內部溫度
　　達 70 至 73°C。蔬菜須烤軟，但仍保有脆度。

六、將雞肉和蔬菜分配至四個餐盤上，最後撒上芝麻粒點綴。

薑汁醋溜鮭魚排

　　這是一道偏亞洲風味的魚肉美食。搭配印度香米或野米，再
佐以清炒蘆筍，就是一頓豐盛的大餐了。

　　這道菜能幫助 MTHFR 基因、快速 COMT 基因及快速 MAOA 基因。若是需要修復 PEMT 基因的人，應選用椰子油以外的油品。有髒的 DAO 基因的人，應注意鮭魚的鮮度及清潔。有慢速 COMT 基因及（或）慢速 MAOA 基因的人，則應減少鮭魚的份量，同時多吃一些蔬菜。

四人份
野生鮭魚排 4 片，每片約 200 公克
生薑泥 3 茶匙
無麩質醬油 1 大匙
芝麻油 1 茶匙
橄欖油 1 大匙
粗海鹽現磨黑胡椒（調味用）
椰子油 2 茶匙

做法：

一、烤箱預熱至 233°C。

二、洗淨鮭魚，並瀝乾水份備用。

三、使用食物處理機，加入生薑、醬油、芝麻油及橄欖油。開啟開關，直到醬汁變得滑順後即可。

四、使用一只小型的厚底烤箱專用鍋或鑄鐵鍋，加熱至高溫。

五、魚肉的兩面都要撒上鹽和胡椒。

六、當鍋子達高溫後，加入椰子油，並放入鮭魚，魚肉那面朝下。用高溫加熱，直到魚肉出現不透明色，且佔整體魚肉的

　　三分之一，時間約莫三分鐘。魚肉不需要翻面。

七、將鍋子放入烤箱，並烘烤五至七分鐘，直到鮭魚肉整個呈不
　　透明色且肉質變硬。用長鍋鏟將魚肉移至餐盤上。

八、附上薑汁醋溜醬，供沾取使用。

香烤羊排

　　用香味四溢的醬汁烘烤羊排，醬汁搭配烤豬肉或雞肉也很適
合。這道菜也很適合搭配烤馬鈴薯和炒四季豆。

　　這道菜能有助修復快速 COMT 基因、快速 MAOA 基因，和
PEMT 基因。至於有慢速 COMT 和（或）慢速 MAOA 基因的人，
應減少羊肉的份量，並增加攝取蔬菜。若是需要修復 DAO 基因的
人，則應剔除材料中的鯷魚。

四人份
大蒜 5 瓣，切碎後依食譜等分備用
新鮮迷迭香 1/2 茶匙，切碎備用
粗海鹽 2 茶匙
現磨黑胡椒 1/2 茶匙
羊排 8 支，每支厚度約 3 公分。

醬汁材料：
新鮮薄荷葉 1 杯，切碎備用
新鮮芫荽 1/4 杯，切碎備用
新鮮香芹 1/2 杯，切碎備用

墨西哥辣椒 1 茶匙，去籽切碎備用

鯷魚柳（非必要）1 條

蜂蜜 1 大匙

現擠檸檬汁 1 茶匙

辣醬（非必要）1/2 茶匙

橄欖油 1/2 杯

做法：

一、烤爐或烤架預熱至適當溫度。

二、搗碎二瓣大蒜、迷迭香，然後加入少許鹽和胡椒。

三、將羊排刷上醬汁，並靜置十至十五分鐘。

四、使用食物處理機，加入薄荷葉、芫荽、香芹、剩下的大蒜、
墨西哥辣椒及鯷魚（非必要），開始打醬料直到充分混合。
加入蜂蜜、檸檬汁，以及辣醬（非必要），再讓處理機稍微
攪拌一下。在處理機持續運轉時，慢慢地加入橄欖油，直到
油份完全融入醬汁。最後依個人喜好，用鹽、胡椒或辣醬調
味。

五、用烤爐烘烤羊排四分鐘，至一邊呈現五分熟度（三分熟則須
三分鐘）。羊排應離火 10 至 12 公分高，或使用烤爐。

六、附上醬汁，隨個人喜好沾取。

素菜飯

　　這是一道墨式米飯料理。你也可以加入煮熟的雞肉或其他肉
類，來攝取蛋白質。

　　這道料理可以幫助修復 MTHFR 基因、慢速 COMT 基因和慢速 MAOA 基因。至於有快速 COMT 基因或快速 MAOA 基因的人，應加入些許雞肉或豆類。若是需要修復 DAO 基因的人，則不建議使用番茄，也不用要萊姆汁調醬料。

四人份
椰子油 3 大匙，依食譜等分備用
洋蔥末 1 大匙
大蒜末 2 又 3/4 茶匙，依食譜等分備用
生糙米 1 杯
水 5 又 1/4 杯，依食譜等分備用
孜然粉 1/2 茶匙
林區家的獨門醬料（請參考第 287 頁）3/4 杯
碎芫荽 1 茶匙（另準備 2 茶匙點綴用）
黑豆 2 杯罐裝黑豆，洗淨並瀝乾備用
粗海鹽 1 茶匙，依食譜等分備用
現磨黑胡椒 1/2 茶匙，依食譜等分備用
莙蓬菜、羽衣甘藍或苦苣 3 杯，切碎備用
熟柳橙或黃番茄 3 顆大一點的柳橙，切丁備用
酪梨 2 顆，削皮去核後片薄備用

做法：
一、取一只中型醬汁鍋，加入大匙食用油。加入洋蔥，並翻炒至洋蔥變軟。加入 1/4 茶匙大蒜，並拌炒三十秒。
二、轉為小火，加入生米並翻炒，至米粒呈不透明色。加入水和

孜然粉，蓋上鍋蓋繼續煨煮約莫三十分鐘，或直到水分完全
吸收。

三、在烹煮米飯的時候，開始準備林區家的獨門醬料，並加入 1
茶匙切碎的芫荽。

四、取一只炒鍋，轉開小火，用剩下的油加熱剩餘的大蒜。要注
意大蒜不要炒焦。

五、取一只碗，倒入一半剛才加熱好的大蒜油，加入瀝乾的豆
子。加入 1/2 茶匙鹽，和 1/4 茶匙胡椒。靜置一旁備用。

六、洗淨蔬菜，並甩乾多餘水分。用剩餘的大蒜油炒蔬菜，此時
仍使用小火，翻炒五分鐘，或直到蔬菜熟透變色。依個人喜
好，用剩餘的鹽和胡椒調味。

七、組菜時，用湯匙將米飯分入四只大湯碗。依序在上面放入炒
青菜、番茄、酪梨和黑豆。將醬汁淋在蔬菜上，最後撒上剩
下的芫荽（非必要）。

基本食譜

林區家的獨門醬料

核桃油、葡萄籽油或葵花籽油 1/4 杯
楓糖漿 1 至 2 大匙
蘋果醋或溜醬油 1 至 2 大匙
現擠檸檬汁或萊姆汁 2 大匙
大蒜末 1 至 2 茶匙
生薑泥 1 至 2 茶匙

現磨黑胡椒 1/4 茶匙
水 1/8 杯

做法

用一個小玻璃罐或瓶子，裝入所有材料並混合均勻。把這瓶醬汁放在冰箱冷藏，可以存放好幾個星期。

主菜搭配訣竅

前面介紹的「午餐／晚餐」，大部份都會搭配時蔬。那些蔬果只是建議使用，你可以依照自己的口味搭配。

你可以用香草和調味料，來翻炒或烘烤蔬菜。比方說，黃瓜和茴香可以加龍蒿、胡蘿蔔用孜然粉和肉桂調味、咖哩放白花椰菜、櫛瓜放羅勒。

料理蔬菜最迅速的方式，就是直接拌炒。烘烤蔬菜需要較久的時間，但我們可以在調味／烘烤前，先預煮較紮實的蔬菜，來縮短烘烤的所需時間。

主菜式沙拉也是很方便的配菜做法。用上一餐吃剩的烘烤蔬菜，來豐富綠葉蔬菜的風味。一些不常見的蔬菜，比方說豆薯、歐防風、些許的球芽甘藍、甜菜根和菊芋，都能讓沙拉變得更有趣。米飯、馬鈴薯和穀物，例如小米、藜麥和莧籽，都增添不同的口感。原本簡樸的「綠色沙拉」，更可以在顏色、形狀、口感和味道上做出各種變化。你可以試著加

入紫萵苣、苦苣、奶油萵苣、比布萵苣、紅色及白色高麗菜、芝麻菜、菠菜、西洋菜、芥菜，以及（或）綜合嫩葉生菜。果乾、堅果和起司粉，能增加沙拉的甜味和不同的口感。

現烤時蔬

馬鈴薯、白花椰菜、胡蘿蔔、洋蔥、球芽甘藍、蘆筍、櫛瓜、大蒜和所有根莖類蔬果，都非常適合烘烤的料理。即使是吃剩下的，也可以變成美味的沙拉菜或點心。

做法：

一、烤箱預熱至 233°C。

二、將所有蔬果切成差不多的大小和形狀。例如，對切馬鈴薯、洋蔥切成四等分、櫛瓜和胡蘿蔔應切成 2.5 公分大小的塊狀。抹上油後進烤箱，每種蔬菜烤熟的時間都不一樣。

三、為了節省時間，較紮實的蔬菜，比方說白花椰菜、馬鈴薯、胡蘿蔔和櫛瓜可事先煮成半熟，接下來只要用烤箱烤軟即可。

炒青菜

炒菜能迅速調理蔬菜，通常只需要三至七分鐘就可以完成

了。關鍵是要先把蔬菜，切成入口大小。這個做法也能確保蔬菜能在同一時間煮熟。根據蔬菜的種類，料理時間也會不一樣。四季豆、櫛瓜、蘑菇、蘆筍、玉米粒和番茄，都能很快煮熟。球芽甘藍、花椰菜和白花椰菜需要多一些時間。更紮實的蔬菜，比方說馬鈴薯和胡蘿蔔，最好先蒸過或水煮，才能縮短炒菜的時間。如果你打算炒綜合蔬菜，那些都是得花最長時間料理的食材。這樣才能讓每種蔬菜呈現最理想的熟度和口感。

做法：

一、將蔬菜切成圓形、條狀或一口大小。建議將食材大小一致。

二、取一只寬炒鍋，放入酪梨油。加熱炒鍋至中高溫度。

三、油熱開後，加入切碎的大蒜，接著馬上放入蔬菜。蔬菜的份量不要高於鍋子的上緣。如果需一的話，可以分兩批炒。不斷翻炒蔬菜，直到叉子可以輕易地插入的軟度。依據蔬菜種類，烹調的時間也會不一樣。起鍋前一分鐘，加入香草及調味料，包含鹽和胡椒。

輕炒蔬菜

偏軟的綠葉蔬菜都很適用這種烹調方式，比方說瑞士甜菜、菠菜、闊葉苦苣、嫩葉羽衣甘藍、蒲公英葉、芥菜及芥藍菜。每一人份需要 2 杯葉叢緊密的蔬菜。（以下份量可依人數倍增或倍減）

二人份

葉叢緊密的蔬菜 4 杯

大蒜 3 小瓣，切成細末備用

酥油或酪梨油 2 大匙

現擠檸檬汁 1 大匙

用粗海鹽及現磨胡椒調整口味

做法：

一、除掉較粗的菜梗。洗淨葉片並濾乾水分。不需完全去除水分。

二、打開小火，加入油並輕輕地拌炒大蒜，但不要讓蒜末變得焦黃。轉至中火後加入蔬菜，拌油炒至熟透變色。

三、加入檸檬汁，最後用鹽和胡椒調味。

第14章

抓出重點修復基因

　　是時候填寫「基因檢測清單二」囉！現在你的基因已經經過了兩週很棒的飲食和生活方式，接下來讓我們一起更進一步，找出哪些是需要特別協助的基因。

　　「基因檢測清單一」是很有效的方式，能迅速評估基因是否汙染了，好讓我們選擇那些食譜。在「基因檢測清單二」，我們的目標是找出自己所需的生活方式、飲食和環境改善，同時搭配有益健康的營養補充品。然而，少了「基因檢測清單一」以及至少兩週的「全面修復」療程，我們也無法執行「基因檢測清單二」。

　　請完成接下來的問卷調查。同樣地，請一定要誠實回答，並計算每一個基因的得分情況。找出哪些需要額外關注的基因後，你可以進入第 15 章，去尋找該如何「重點修復」髒基因。

　　請勾選過去六十天內曾發生，或大致上都正確的情況：

MTHFR 基因
□ 呼吸短促，或運動後容易臉紅。
□ 有時候會有運動誘發型氣喘。
□ 我經常感到不耐煩且鬱鬱寡歡。
□ 我不怎麼耐受任何種類的酒精。
□ 老是覺得疲憊且「覺得自己中毒似的」。
□ 我沒有每天吃綠葉蔬菜。
□ 當不生氣或悲傷時，我能夠集中注意力和保持專心。
□ 有時候會難以入眠。

□我曾經在牙醫或醫院接觸過笑氣，而且讓我覺得非常不舒服。

□當我覺得不耐煩時，我需要多一點時間才能平靜心情。

□有時候會想要冒險嘗試看看，但這不太符合我的處事風格。

DAO 基因

□吃完東西後，我有時會變得不耐煩、燥熱或發癢。

□不耐受的食物包含了優格、克爾菲酸奶、巧克力、酒類、柑橘、魚肉、
　葡萄酒（尤其是紅酒）及起司。

□經常沒來由地關節疼痛，每次疼痛的位置都不一樣。

□患有皮膚疾病，比方說濕疹、蕁麻疹（麻疹）及牛皮癬。

□如果不小心擦傷皮膚，傷口會變得又紅又腫的。

□我不耐受太多的益生菌。

□患有小腸細菌過度生長（SIBO）。

□對許多食物都會過敏或不耐受。

□有時會耳鳴，尤其是吃完東西後。

□經診斷患有腸漏症、克隆氏症或潰瘍性大腸炎。

□有時會偏頭痛或其他類型的頭痛症狀。

□有時會流鼻水，還會流鼻血。

□剛吃完或喝完東西後，我會好幾個小時都無法入睡。

□有氣喘或運動誘發型氣喘。

慢速 COMT 基因

□吃完高蛋白飲食後（如消化道瘁癒飲食法或原始人飲食法）後，我覺得
　自己變得更易怒了。

□容易覺得不耐煩，而且要花很長一段時間才能平復心情。

□每次都會有（或曾有過）經前症候群。

□我是個快樂、充滿熱忱的人，但也很容易被激怒。

□不太有耐心。

□總能長時間專注和看書。

□從小我就難以入睡，我都能記下天花板的花樣了。

□醫生開避孕藥給我，來控制我的粉刺或大量經血的問題。

□（曾）有子宮肌瘤。

□咖啡因能幫我打起精神，但喝多會變得不耐煩。

□不太喜歡冒險，我的個性相當謹慎。

快速 COMT 基因

□難以聚精會神。

□經常感到鬱鬱寡歡。

□當面對龐大壓力時，我能迅速冷靜下來。

□多半很冷靜，但我不喜歡這個樣子的自己。

□喜歡冒險，甚至喜歡挑戰愚蠢的冒險，因為可以帶給我很棒的感受。

□我是朋友群中的耍寶角色，我很喜歡逗人笑。

□我是個坐不住、喜歡經常走動的人。

□有時候會用力捏自己，直到感覺到疼痛。

□早上我需要花一些時間，才能開始工作。

□容易沉溺於事物或活動中：電玩遊戲、社群媒體、抽菸、喝酒、購物、
　藥品、賭博。

□對性愛不太有興趣。

□到了就寢時間，我只要一沾上枕頭就能呼呼大睡。

□咖啡因幫助我專心及加強注意力。

□愛吃高油、高糖的食物，那些食物能帶給我好心情，雖然時間很短暫。

慢速 MAOA 基因

□個性傾向好勝。

□需要花點時間恢復冷靜。

□我能長時間專注。

□喝了酒之後，我會變成憤世嫉俗的醉漢。

□不太喜歡吃碳水化合物。只要不吃太多碳水化合物，我就不容易生氣。

□當我吃了起司及（或）巧克力，或喝了葡萄酒後，會變得比較不耐煩。

□需要花點時間入睡。

□一旦入睡後，整晚都能熟睡。

□醫生開立選擇性血清素回收抑制劑（SSRI），來控制我的憂鬱症，但我
　吃了之後變得非常不耐煩。

□褪黑激素對我沒什麼效用，甚至讓我更加清醒，而且更不耐煩了。

□咖啡因讓我變得不耐煩。

□鋰有助改善我的心情。

□5-羥基色胺酸（5-HTP）讓我變得焦慮且易怒。

□肌醇（Inositol）會過度刺激我。

□對自己有信心。

□我是男性。

快速 MAOA 基因

□從小就難以專心和專注事物。

□愛吃起司、葡萄酒和巧克力。而且吃完後，覺得心情變好了。

□愛吃碳水化合物，這類食物能讓我不那麼憂鬱。

□很快就能入睡，但無法整晚熟睡。我需要吃點心，才能迅速回到夢鄉。

□經診斷患有免疫系統疾病，比方說葛瑞夫茲氏病、橋本氏甲狀腺炎、多
　發性硬化症或活動性乳糜瀉（active celiac）。

□有慢性發炎。

□冬天和夜晚加長會影響我的心情。醫生曾告知過，我有季節性情緒失調
　（seasonal affective disorder）。

□喜愛運動，因為有助維持好心情。

□我是女性。

□總是忍不住擔心事情。

□我的情緒傾向憂鬱及焦慮。

□有點執著於事物。

□經診斷患有纖維肌痛、便祕或腸躁症。

□褪黑激素能有效幫助睡眠。

□肌醇能改善我的心情。

□5-HTP 能改善我的心情。

□鋰會讓我變得更憂鬱。

□醫生開立 SSRI 給我，而且確實發揮了效用。

GST／GPX 基因

□對化學藥劑和氣味相當敏感。

□洗完蒸氣浴或大量流汗後，我會覺得比較舒服了。

□就算正確飲食，我還是容易變胖。

□我的家族有癌症病史。

□當面對壓力時，我發現自己長出灰白色的頭髮了。

□有少年白。

□有高血壓。

□我容易被傳染病症。

□傾向慢性壓力過大。

□經確診患有自體免疫系統疾病。

□有慢性發炎。

□有氣喘或難以呼吸的問題。我時常覺得自己呼吸不到空氣。

□老是覺得疲憊且「覺得自己中毒似的」。

NOS3 基因

□有高血壓。

□曾發作過心肌梗塞。

□已確診患有第一型或第二型糖尿病。

□經常手腳冰冷。

□我有氣喘的毛病。

□我會鼻鼾、用嘴巴呼吸或睡眠呼吸中止症。

□發現自己的記憶力變差了。

□妊娠時罹患子癲前症。

□經確診患有動脈粥狀硬化。

□我已經停經了。

□情緒經常一塌糊塗。

□不愛運動，且甚少走動。

□經確診患有自體免疫系統疾病。

□有慢性發炎。

PEMT 基因

□我已經停經了。

□雌激素濃度低落。

□有膽結石。

□少吃綠葉蔬菜。

□不太吃肉類和蛋。

□經診斷患有脂肪肝。

□患有小腸細菌過度生長（SIBO）。

□我是素食主義者／純素主義者。

□我已經割除膽囊。

□長期全身痠痛，無論體內或體外都是。

□不耐受油膩食物。

□我的症狀是從妊娠期間才開始的，然後不斷惡化。

□我的孩子有先天缺陷。

□哺乳使我精疲力盡。

分數計算

每個基因的分數都須分開計算。

□0 分：太棒了！這個基因非常乾淨呢！

□1 至 4 分：你需要多關注一下這個基因，但問題應該不是來自這個基因，很有可能是由其他基因造成的。

□5 至 7 分：這個基因看似有點汙染了。要多多注意這個基因，可能帶來的後果。另外，調查一下它是否受到其他基因的影響，也一樣很重要。

□8 分以上：這絕對是個髒基因了。你需要花些時間，找出正在影響它的因素。另外，找看看還有沒有分數也很高的基因，因為那些基因也會染指這個基因。

我的分數

MTHFR 基因 ＿＿＿＿　　　　　DAO 基因 ＿＿＿＿

慢速 COMT 基因 ＿＿＿＿　　　快速 COMT 基因 ＿＿＿＿

慢速 MAOA 基因 ＿＿＿＿　　　快速 MAOA 基因 ＿＿＿＿

GST／GPX 基因 ＿＿＿＿　　　NOS3 基因 ＿＿＿＿

PEMT 基因 ＿＿＿＿

當你不只有一個髒基因

我們在第三章遇到了海莉特、艾德瓦多及萊瑞莎，他們都有

一個關鍵的髒基因。然而有時候，我們確會找到一整組的髒基因，科學家把這種基因的組合稱為「單倍體基因型」（haplotypes），簡稱「單倍型」。舉例來說：

- MTHFR 基因和 NOS3 基因都有 SNP，會增加罹患心血管疾病和偏頭痛的風險，而我們可以透過飲食、運動和紓壓來幫助它們。從另一角度來說，這兩個基因都會相當勤儉地儲存營養：有了這個單倍體基因型，往往能讓我們擁有更多的天然葉酸，可以修復 DNA，同時也會有更多的精氨酸，可以增進肌肉張力並對抗傳染病。

- 前面提到的心血管問題和偏頭痛，對於擁有 MTHFR 基因、NOS3 基因和 COMT 基因都有 SNP 的人，情況會變得更為棘手。對於擁有 MTHFR 基因、NOS3 基因、COMT 基因和 GPX／GST 基因都有 SNP 的人，罹患疾病的風險又會進一步攀升。如果你有那種單倍型，也不需要驚慌，不過你更需要遵照「28 天基因修復療程」，並提供髒基因所需的幫助。再強調一次，好消息是你的身體能儲存天然葉酸和精氨酸。此外，大腦的化學物質與單倍型會有更多的時間相處，進而產生更優異的注意力和專注力。

- MTHFR 基因和 DAO 基因都有 SNP，則會增加組織胺的不耐受性，進而提高慢性氣喘及運動誘發型氣喘的風險。有了這組單倍型，你一定得遠離食物和環境中的組織胺，並多做有氧運動來增加肺活量。

- MTHFR 基因、DAO 基因、慢速 COMT 基因和慢速 MAOA

基因都有 SNP 的單倍型，能進一步增加組織胺的不耐受性，進而使你更容易罹患慢性氣喘及運動誘發型氣喘。由於你可能會因此變得更不耐煩且焦慮，所以一定得更注意飲食和運動。然而，你有著非凡的專注力，大家都很好奇你是怎麼辦到的。

■ MTHFR 基因和慢速 COMT 基因都有 SNP，會讓你變得好勝且易怒，也會增加罹患雌激素的相關疾病的風險。這意味著，你需要更多的舒壓活動。度假正是對抗此單倍型劣勢的絕佳方式。有這個單倍型，好消息是你會有優異的工作效率，且能完成工作。而且我還沒提到嗎？你的膚況也是超級好的呢！

■ MTHFR 基因、慢速 COMT 基因及 GST／GPX 基因都有 SNP 的單倍型，也同樣讓你變得好勝且易怒，也會增加罹患雌激素的相關疾病、神經系統失調（比方說帕金森氏症、多發性硬化症）及心血管疾病（比方說心肌梗塞、高血壓）的風險。我們可以透過「28 天基因修復療程」降低風險，但還需要額外的舒壓時間。然而往好處想，你的創造力和專注力都很優秀。

■ MTHFR 基因、慢速 COMT 基因、慢速 MAOA 基因及 GST／GPX 基因都有 SNP 的單倍型，會讓人更加易怒，且增加罹患神經系統疾病和失眠症的風險。不過，只要輪到你上場了，你就會全力以赴。你能想出意想不到的點子，以及做出一番令人稱羨的成就。有人會說，你簡直是天才呢！

- MTHFR 基因和 PEMT 基因都有 SNP，會增加罹患妊娠併發症、膽囊疾病、小腸細菌過度生長及脂肪肝等疾病風險。倘若 MTHFR 基因、PEMT 基因，和 GST／GPX 基因等三種基因都有 SNP，罹患這些疾病的風險又會更上一個層級。然而，這個單倍型倒是多吃肉和蛋的好理由！
- MTHFR 基因、PEMT 基因及 NOS3 基因都有 SNP，這個組合會增加罹患妊娠併發症、肝臟疾病和心血管疾病的風險。倘若 MTHFR 基因、PEMT 基因、NOS3 基因，加上 GST／GPX 基因都有 SNP，這個組合又會更增加罹患這些疾病的風險。但是好消息是，只要你照著「28 天基因修復療程」去做，就能不需要擔心這些風險了。
- 快速 COMT 基因和快速 MAOA 基因都有 SNP 的單倍型，會容易導致注意力缺失／過動症、缺乏動力及憂鬱症。然而往好處看，朋友會說你是最冷靜且好相處的人。

　　了解這些單倍型和其他各種組合，能讓你活得更加健康、美滿。再強調一次，「28 天基因修復療程」能讓你發揮出最大化的優勢，同時將劣勢的風險降至最低點。

終生受用的重點式修復

　　我們的身體會不斷地改變，環境也是。或許你才剛結束了工作繁重又壓力大的二個月，現在正進入比較平靜的時光了。又或

者，你才剛過了一個寧靜且快樂的夏季，現在準備迎接充滿挑戰
的秋季了。你對食物口味的喜好也許會改變。或許也會因為「28
天基因修復療程」，讓你注意到自己的健康出現了明顯的轉變。

　　無論是什麼情況，健康都是一生的旅程。所以不要僅僅完成
了這一章的問卷，你還需要做「重點式修復」，可千萬別忘記
了。我鼓勵你每三至六個月，就回頭做看看「基因檢測單二」，
並且在接下來的日子裡，都要好好利用這份問卷進行「重點式修
復」。

第15章

第二階段：
重點式修復

　　在我們開始進行「重點式修復」以前，我想先問問你：「全面修復」裡的每一項，沒錯我問的是每一個項目都做過了嗎？如果是，你的確已經準備好進入「重點式修復」，同時也請繼續按照「全面修復」的原則。如果你還沒開始就那麼直接進入「重點式修復」，結果將充滿許多變數。

　　要幫助你「重點式修復」某個基因的原因在於，所有的基因都需有相當程度的整潔，就像你得先洗乾淨整條牛仔褲，不然很難找出需要加強去漬的部份。為了讓身體健康恢復一般程度的潔淨，我們必須按部就班地按照「全面修復」的方法去做。

　　要記得，無論是以團體或群聚的方式，基因都需要相互團結合作。所以如果你打算直接忽略這一章節，那麼你以後可能會後悔。

作戰計畫

　　當進行「重點式修復」時，請銘記接下來的重點：

■ 基因越乾淨，才能越快減少營養補充品的劑量，甚至停止服用。

■ 基因越骯髒，越需要從低劑量開始服用營養補充品，然後慢慢找出最適當的劑量。你有時候需要增加營養補充品的劑量，但可別以為只要這麼做可以一勞永逸。請參考第 12 章介紹的間歇法，當查覺到身體好轉後，一定要記得減少劑量。

■ 如果你想更了解這一章節提到的任何步驟或營養補充品，歡

迎到我的網站 www.DrBenLynch.com，那裡有資源分享區。

■ 如果發現自己有一個髒基因，請直接針對那個基因進行展開「重點式修復」。就算那一個基因只得到了一分，它可能只需要簡單又迅速的「重點式修復」即可。一如既往地，請注意自己當下的感受；如果需服用營養補充品，一定要記得搭配間歇法。

■ 如果發現自己有多個髒基因（我們大部份都屬這種情況）你或許會想先處理最骯髒的基因。不過，我發現那並非是最有效的做法。相反地，你應該按照接下來的順序進行「重點式修復」。

搭配「間歇法」

正如我們在「全面修復」那時提到的，利用間歇法找出專屬自己的劑量，來使用營養補充品是多麼的重要。如果需要複習一下，請翻回到第 233 頁。

讓我再舉個幾個有關使用間歇法的例子。

當人們覺到憂鬱時，時常用甲基葉酸補充劑來改善情緒。雖然一開始服用幾天之後，他們會覺得心情好多了！但是過不了多久，他們變得不耐煩、講話變得厲聲厲色，而且容易激動，開始有了「大驚小怪」的感覺。哦！他們得立刻停掉甲基葉酸。間歇法能幫助他們找到適合的方法，既能補充營養又不必承受這種翹翹板效應。由於我們的身體會不斷地出現變化，營養補充品的

「正確劑量」也會跟著改變。

讓我再跟你們分享，第一次使用間歇法的範例。看看你能否看出來哪裡做得不對。

假設你擁有乾淨的 DAO 基因，並打算藉由服用磷脂醯膽鹼，來幫助髒的 PEMT 基因。你評估了自己當下的感受：有點焦慮、輕微便祕，還有一點肌肉疼痛的感覺。你知道磷脂醯膽鹼能幫助改善這些問題。

一開始你會在早餐時，讓自己服用一粒膠囊。幾天下來，你並沒有察覺到什麼變化；然而到了第四天，你發現自己心情變得比較平靜。此時的你準備要去洗澡了，而且心情比平常都更好一些。接下來的幾天，你的情況逐漸好轉，到了第二十天，症狀基本上都全數消失了。這個成果讓你相當興奮！因為藥效太棒了，所以你決定繼續服用磷脂醯膽鹼。

到了第三十天，你記得在服用膠囊前，先注意檢視當下的感受。就在這一天，你注意到變化了：你發現自己有點憂鬱。當你正舉起手要去拿水壺時，你心想：「等等。我本來覺得焦慮，接著這兩週已經覺得好多了，但是現在又覺得鬱悶。我現在得停止服用膠囊了。等我以後覺得有需要，如果我又覺得有點焦慮或便祕，或者肌肉又開始發痛，我再吃就好。」

懂了嗎？整體而言，你做得非常好，但是發生了兩個小小的錯誤，所以才讓你付出點代價。第一個錯誤是發生在第二十天，那時候的你覺得狀況好極了！你該怎麼做呢？你應該停止服用磷脂醯膽鹼，但你卻繼續那麼做，導致過量的營養補充品帶給你鬱

悶的感覺。而第二個錯誤則是發生在那之後的十天—你沒有每天傾聽自己的身體。到了第三十天，你才想到要這麼做。最後，你終於明白了，應該要在感覺好轉時停止服用磷脂醯膽鹼，並在需要時才恢復補充這個營養素。

我們一開始使用間歇法的時候，都會有學習曲線。無論是學習任何新的事物，都需天天練習才能變得熟練。我非常有信心，你一定能學會這個方法，並體會它帶來的數不清的好處！

當你進行「重點式修復」的時候，務必要注意自己當下的感受。利用脈波法的原則來攝取營養補充品，一定能讓你事半功倍。

重點式修復：DAO 基因

修復 DAO 基因的生活方式

- 選擇能幫助 DAO 基因的基因修復食譜。
- 或許需要一位醫療專家，請他（她）辨別是哪一種傳染病，並治療腸漏症。然後我們才能先嘗試一些作法。
- 找一位精通內臟筋膜鬆動術的醫療專家，或許病況能有所不同。請他（她）針對你的膽囊、肝臟及橫膈膜。更多資訊，請參考「重點式修復」的 PEMT 基因（後面將看到的部份）。

腸道的組織胺濃度過高，該怎麼辦？

如果腸道內的組織胺濃度過高，原因可能有很多種：病原細菌、腸漏症等，每一種問題都有不同的解決方法。讓我們一起來看看有哪些原因吧：

- **病原細菌過度生長**

    1. 人芽囊原蟲（Blastocystis hominis）、幽門螺旋桿菌、艱難梭狀芽孢桿菌（Clostridium difficile）和其他細菌，都是相當常見的菌種。有趣的是，如果家人有這類型的病原細菌，其他家人也都會有。使用天然的抗微生物食品（請繼續看後面的內容），就能擺脫這些病原體。不過等到你面臨壓力、胃酸不足、使用制酸劑、服用抗生素或吃到被汙染的食物和水時，它們可能會捲土重來。有效的抗微生物食品像是橄欖葉精華、乳香膠、牛至油、苦艾草、印度苦楝樹、黑核桃、大蒜及牛膽汁。最好的方式是輪流使用這些抗微生物食品，勝過混合並每天吃這些抗微生物食品，才能防止形成抗性。

    2. 如果你有腸道病原體，當一吃到抗微生物食品的時候，身體都會出現放屁和脹氣的情況。建議你一開始在晚餐後並從低劑量開始服用。這麼做才能進一步降低出現大規模「消亡反應」，因為所有細菌瞬間滅亡而導致強烈不適的機率。如果出現的是一般的消亡反應（放屁及脹氣）也是出現在睡眠期間，也比醒著的時候更容易應付。

3. 利用放屁和脹氣來判斷耐受力。如果你服用了一顆抗微生物食品的膠囊，且沒有出現任何放屁或脹氣的情況，隔天晚上可以增加劑量試看看。倘若還是沒有效果，請停止使用並找尋其他的產品。

4. 布拉迪酵母菌（Saccharomyces boulardii）是一種有益健康的酵母，能幫助擊退有害病原體。你可以在吃完抗微生物食品後，再吃一粒布拉迪酵母菌膠囊。布拉迪酵母菌是很棒的益生菌，由於抗生素無法殺死它，所以很適合搭配著抗生素一起服用。不過還是建議你只要服用三至六個月，就一定要停止。只有當你又開始服用抗生素，或有特別狀況如腸道再次受到感染的時候，才需要恢復使用這種酵母。

5. 如果這些方法都看不到成效，可以做檢測，來找出體內的病原體並對應的剋星。

6. 等清除完病原體後，才開始攝取益生菌來恢復腸道健康。你可先考慮使用不含乳酸桿菌的綜合益生菌，例如含有雙歧桿菌（Bifidobacterium）的綜合益生菌，來填補腸道內的空缺。如果有搭配食用抗微生物食品，那麼攝取益生菌的最佳時機是在晚餐後。

7. 如果你有特殊腸道問題，一定要求助醫療專家。

■ **腸漏症及腸道發炎**：腸漏症和慢性發炎都可歸咎於髒的 DAO 基因。如果你還是持續處於壓力狀態、吃了不耐受或會致敏的食物，及體內的（或）病原細菌、酵母或寄生蟲過度生

長，會讓你無法徹底根治這些疾病。

1. 直到你終於努力擺脫病原體之後，可以考慮使用粉狀的左旋麩醯胺酸（L-glutamine），來恢復小腸健康，因為小腸正是 DAO 酶的居所。如果小腸不健康，一定要盡快重建 DAO 的家園，才能幫助 DAO 酶。一開始從少量服用開始，一次一克左旋麩醯胺酸粉。有些人吃了之後會變得不耐煩。如果發生這種情況，請先暫停幾天，同時先服用一些鎂、維他命 B6 和菸鹼酸（維他命 B3）。直到你重新開始服用左旋麩醯胺酸之前，都要持續補充這些營養素。

2. 另一個更有效的方式，是使用混合了左旋麩醯胺酸、蘆薈、肌肽鋅和藥蜀葵根的綜合營養補充品。

■ **小腸細菌過度生長**：小腸細菌過度生長的成因有很多種，包含了使用抗生素、服用制酸劑、便祕、血清素低落、膽汁流速變慢、偏重攝取精緻食品，以及補充過量的益生菌。一定要找出導致小腸細菌過度生長的原因，否則不僅無法根除症狀，甚至會反覆發作。

1. 服用少量的牛膽汁有助於擊退小腸內的有害細菌，進而也幫助了 DAO 基因。你可以在晚餐時，從 250 毫克的牛膽汁開始服用。

2. 請參考「重點式修復」後面的 PEMT 基因的部分，來幫助刺激膽汁流動，這麼做往往也有助阻止小腸細菌過度生長。

■ **酸性過高的體質**：DAO 基因喜歡特定的環境條件。如果腸道

酸性過高，DAO 基因就無法好好運作。倘若這個問題正源自於你自己，那麼服用消化酵素和鹽酸甜菜鹼（betaine HCl），應該能幫助髒的 DAO 基因。鹽酸甜菜鹼會促進胰臟分泌酵素，來降低小腸內的酸值。謹記一定不能空腹服用。

■ **含有過量組織胺的食物和飲品：**直到消化功能和腸道康復之前，要盡量少碰含組織胺的食物（請參考第 126-127 頁）。經過擊退病原體，並提供所需的營養來恢復消化道健康後，你會發現自己或許也能吃些含組織胺的食物了。

1. 飲品的選擇尤其重要：含組織胺及會產生組織胺的飲料，都會擊潰你的 DAO 酶，進而引發頭痛、流鼻水、皮膚癢、麻刺感、冒汗、心跳加速及易怒等症狀。此時你需評估自己是否剛喝了這些飲料：

◆ 果汁和柑橘：絕對要大幅減少，或徹底戒掉任何含有柑橘的飲料。

◆ 香檳和葡萄酒（尤其是紅酒，但白酒也可能導致症狀）：如果喝葡萄酒讓你頭痛，可能是亞硫酸鹽過敏症導致的，如第 9 章提到的情況。因為你需要維他命 B1 進行各種身體機能，而亞硫酸鹽會阻礙身體吸收維他命 B1。難怪亞硫酸鹽會讓某些人生病。如果你發現自己對亞硫酸鹽過敏，可以考慮服用鉬的營養補充品。許多的鉬營養補充品都含有氨，但是此時你需要的補充劑不可以含有氨。一般來說，膠囊狀的劑量介於 75 毫克至 500 微克之間。如果能買到液態的鉬（一滴約 25 微克），就能更容易找出最適合的

劑量了。許多人甚至不知道自己對亞硫酸鹽過敏。從症狀早期就開始服用一些鉬，甚至還能帶來一些驚人的好處。不過別忘記了，任何營養補充品都有潛在的副作用，吃得多不如吃得巧。如果長時間服用大量的鉬，會增加體內尿酸濃度，致使痛風等疾病找上門。如果身體已經開始出現任何副作用，請立即停止服用鉬，並開始服用「吡咯喹啉醌」（pyrroloquinoline quinone），簡稱為「PQQ」。PQQ有助減輕因鉬過量而引起的副作用。

◆ 萊姆汁、番茄汁和可可亞：這些富含組織胺的飲料，也會讓你置身危險之中。你原本能耐受三十公克左右的份量；然而隨著你持續優化健康，或許能接受的份量也越來越多了。不過，還是得小心。因為症狀可能會迅速地出現—快則彈指之間，慢則三十分鐘。

◆ 含組織胺的食物則不會像飲料那麼危險了。有些人能耐受少量含組織胺的食物，可是吃了一整份就不行了。症狀可能會延遲出現，尤其當吃了含組織胺的食物，所以關鍵是紀錄飲食內容。建議你可以使用應用程式如《CRON-O-Meter》或其他類似程式，來找出耐受的食物。

■ **負責分解組織胺的細菌生長不全：**如果負責調節組織胺的細菌生長迅速不夠快，正是汙染 DAO 基因的原因，你需要補充能增援的益生菌，同時避開其他會使病況惡化的益生菌。

1. 混合雙歧桿菌（Bifidobacterium）和胚芽乳酸桿菌（Lactobacillus plantarum）的益生菌，是能有效幫助分解

組織胺的賢內助。

2. 直到腸道康復前，不要吃含有乳酸桿菌（Lactobacillus）的益生菌，包含乾酪乳酸桿菌（Lactobacillus casei）和保加利亞乳酸桿菌（Lactobacillus bulgaricus）。

■ **藥物治療**

1. 二甲雙胍（metformin）會拖延 DAO 酶的運作速度，進而使體內的組織胺濃度攀升。然而，對於那些被醫生叮囑要服用此藥物的人，他們可不太願意自主停藥。如果這正是你的情況，關鍵是知道自己會因為這個藥物，而變得更加不耐受組織胺，因此你必須少吃含組織胺的食物和飲品。

2. 阿斯匹靈等其他種類的非類固醇消炎止痛藥（NSAIDs）及水楊酸（salicylates）也會讓身體產生更多的組織胺。與其依賴這些消炎藥物，建議尋找更天然的方式減緩炎症。低劑量鈉曲酮（LDN）─須要醫師處方籤─是大部份人都較耐受的藥物。另外，由於炎症通常與慢性傳染病有關，所以需由醫生檢查。

增援你的 DAO 基因

■ **銅**：要幫助 DAO 酶順利運作，銅是基本的營養素。你可以考慮使用含銅的營養品。絕大部份的人都能輕易地從飲食攝取銅，然而如果長期服用含鋅的營養品，很可能會導致身體缺乏銅。含銅的食物可以參考第 136 頁。倘若你決定要服用營養補充品，由於銅可能會引發炎症，所以需要從低劑量開始

嘗試。比方說，一餐可以攝取一毫克的銅，但只限於你服用的是不含銅的綜合維他命。

■ **組織胺阻斷劑**：混合蕁麻、木犀草素、鳳梨酵素和槲皮素的綜合阻斷劑，能有效鎖住組織胺，不讓它們來找你的麻煩。

■ **維他命 C 與魚油**：這些營養素有助穩定肥大細胞（也就是，負責儲存並製造組織胺的細胞）。

■ **補強細胞膜**：健康的細胞膜才能鎖住各個細胞內的組織胺。至於該如何幫助細胞膜，請看接下來 PEMT 基因的重點式修復。

■ **緩衝劑**：如果你吃了酸性食物，或身體出現了組織胺反應，碳酸氫鈉和碳酸氫鉀可能是解藥。只要配過濾水服用一兩顆，往往就能立即見效了。

重點式修復：PEMT 基因

修復 PEMT 基因的生活方式

■ 選擇能幫助 PEMT 基因的修復基因食譜。

■ 知道自己在妊娠和哺乳期間，更需要幫助這個基因。

■ 停經後更需要額外幫助這些基因。

■ 考慮針對肝臟、膽囊和橫膈膜做內臟筋膜鬆動術。

雌激素低落，該怎麼辦呢？

■ 如果在停經前，已經有雌激素濃度低落的情況，請及早尋求專業的醫療幫助。

■ 導致雌激素低落的常見原因：

1. 當面對較大壓力時，身體會利用前驅荷爾蒙，來製造皮質醇，而非用來製造雌激素。

2. 脂肪吸收能力不足，造成膽固醇轉換不足，進而導致雌激素低落。

增援你的 PEMT 基因

■ **磷脂醯膽鹼：**磷脂醯膽鹼有益細胞膜。選擇非基因改造、不含大豆的磷脂醯膽鹼，因為大豆是常見過敏原。此外，絕大部份的大豆產品都是使用基因改造大豆。液態的磷脂醯膽鹼要存放在涼爽且乾燥的環境，但不能放到冰箱冷藏（會變得難以倒出）。如果是非（純）素食者，也可以選擇明膠膠囊型的磷脂醯膽鹼。由於服用磷脂醯膽鹼補充劑，可能會導致出現憂鬱感，所以一定要搭配間歇法，並隨時微調自己的劑量。

■ **肌酸：**服用肌酸可幫助保留體內的 S-腺苷甲硫氨酸（SAMe），好讓我們擁有更多的 S-腺苷甲硫氨酸，來製造必要的磷脂醯膽鹼。

重點式修復：GST／GPX 基因

修復 GST／GPX 基因的生活方式

- 選擇能幫助 GST／GPX 基因的修復基因食譜。
- 遠離才是王道。整理周遭環境，並盡可能減少碰觸、呼吸及吃下化學物質。
- 為了排出體內的工業化學物質，可以透過蒸汽浴、瀉鹽浴、運動或熱瑜伽來排汗，藉此減輕 GST／GPX 基因的負擔。
- 攝取纖維質不只有助身體解毒，還能限制並去除體內的異生素。此外，纖維質還能幫助有益解毒的細菌。
- 乾擦身體和按摩是促進解毒的好方法。

增援你的 GST／GPX 基因

- **脂質體穀胱甘肽：**由於這種型態的穀胱甘肽相對容易吸收，有助將營養素直接輸送至細胞內，讓它們攀附在化合物上。一開始要從低劑量服用，然後循序漸進。我的建議是先省略幾天，試著一週數次服用穀胱甘肽，而不是每天服用。等你發現它有發揮效用後，才開始每天服用，並依實際需求調整劑量。
- **核黃素／維他命 B2：**這個營養素可以將受損的穀胱甘肽，復原為可派上用場的穀胱甘肽。否則，受損的穀胱甘肽無法修復，進而導致傷害細胞。
- **硒：**如果沒有硒，就無法藉由穀胱甘肽代謝過氧化氫。即使

你擁有了足夠的穀胱甘肽—但少了硒，代謝就會「卡關」。

- **解毒粉劑**：我們有各種促進解毒的產品可供選擇。如果你選擇粉狀的解毒補充劑，則可以加入奶昔裡，就是一道迅速又方便的早餐或午餐了。

重點式修復：慢速 COMT 基因

修復慢速 COMT 基因的生活方式

- 選擇能幫助慢速 COMT 基因的修復基因食譜。
- 一定要清楚知道，當自己面對壓力時，必須花更多的時間平靜下來。試著找出有效的方法：離開現場、呼吸運動及走向戶外，都是很有效的技巧。
- 將刺激的活動安排在白天，晚上則安排相對平靜的活動。
- 你很喜歡思考。多讓自己參加可以刺激腦部的活動，否則你會容易覺得無趣。
- 需要多練習幫助平靜心情的活動，比方說健行、冥想、彈奏樂器或聽音樂。
- 努力工作，然後盡情玩樂。清楚知道自己需要用休假和度假來平衡，那麼做個工作狂也沒有關係。因此，想方設法平衡過度工作的自己，是極為重要的事情。好好規劃假期，如同你規劃工作日程一樣。在日曆上標記出你的假期。
- 找出並盡可能地排除日常生活的壓力來源。
- 睡眠對你來說是一大挑戰。晚上你的工作效率更好，因為很

安靜，沒有人會吵你，而且工作起來也超有效率的。問題是你會毀了隔一天，因為你會更情緒化。想想有什麼方法，讓你在早晨完成工作。只要你能調適過來，你會發現工作效率、健康和情緒都會有所不同。

■ 考慮放鬆且健康的活動，比方說按摩、瀉鹽浴和蒸氣浴。對你來說，為了讓自己保持顛峰的狀態，且不至於過度消耗或精疲力竭，請你一定要去嘗試這些活動。

幫助慢速 COMT 基因，我們能怎麼做？

■ 優化你的體重，因為體脂肪會促進雌激素。如果發現自己減重的效果不彰，可能是因為擁有髒的 GST ／ GPX 基因。

■ 選擇鄰苯二甲酸酯（phthalates）和其他化合物含量較少的化妝品。購買有機農產品。

■ 多吃甜菜、胡蘿蔔、洋蔥、朝鮮薊、十字花科蔬菜（花椰菜、白花椰菜、羽衣甘藍、球芽甘藍、高麗菜）。如果吃了這些蔬菜會讓你放屁，可以考慮服用含鉬的綜合礦物質補充品。

■ 攝取帶苦味的蔬菜，比方說蒲公英葉和小蘿蔔，來幫助肝臟。

■ 攝取富含兒茶酚的食物和飲料要有限度，同時也要注意咖啡因的攝取量。

　1. 兒茶酚存在於綠茶和紅茶、咖啡、巧克力和數種綠葉香料中，比方說薄荷、香芹和百里香。你不需要完全剔除這些

香料，但必須要知道這些香料會影響你，所以要情況限制用量，尤其是經前症候群期間及失眠的時候，則必須完全避開它們。如果你有失眠的問題，那麼綠茶要在早上的時間喝。當女性經期快來報到，且開始變得不耐煩，此時千萬別喝大量的綠茶—或許可以先嘗試喝一杯，看看自己感覺怎麼樣。你已經懂了，關鍵在於「適量」。不須要完全剔除；而是要注意，傾聽自己的身體。

2. 注意咖啡因的攝取量，因為過量會讓你變得急躁，且會耗盡體內的鎂。

■ 小心組織胺濃度過高。如果組織胺濃度太高，那麼你將依賴甲基化來處理它。參考「重點式修復」中 DAO 基因的部份，學習該如何降低體內的組織胺濃度。

■ 蛋白質攝取要有限度。

1. 蛋白質能供應酪胺酸，這是 COMT 酶需要的一種營養素。如果你提供大量的酪胺酸給 COMT 酶，其實是在拖累它的運作效率。倘若你正在實施高蛋白消化道痊癒飲食或原始人飲食法，且覺得自己變得更焦慮，這可能是因為攝取了過量的酪胺酸，因此讓體內可能已經不低的多巴胺又暴增了許多。

2. 將絕大部份的蛋白質份量放在早餐，午餐可以酌量，而晚餐的蛋白質份量則要更精緻。這麼一來，你在白天能集中注意力並「活力滿滿」，到了晚上也能關機休息。

■ 謹慎使用藥物治療及營養補充品。

1. 注意力不足過動症用藥、選擇性血清素回收抑制劑及甲狀腺的藥物都會讓人更加急躁，所以一定要更慎用它們。如果身體出現副作用，比方說失眠、易怒、雌激素濃度增加或組織胺問題，請一定要告訴醫生。

2. 類固醇會增加壓力，進而增加 COMT 基因的負荷，致使拖累這個基因的效率。

3. 體內增加酪胺酸會使人變得更焦慮，進而增加 COMT 酶的壓力。睡前六小時內，切勿服用含酪胺酸的營養補充品。

4. 甲基葉酸補充劑會增加體內的一氧化氮，進而刺激身體製造多巴胺，因而可能拖類 COMT 基因。因此，為了幫助慢速的 COMT 基因，在補充甲基葉酸之前，你需要時時疏通這個基因。

5. 左旋多巴會製造太多的多巴胺，因此加重 COMT 基因的負擔，進而拖累它的效率。

6. 生物同質性雌激素荷爾蒙（bioidentical estrogen hormones）會拖累 COMT 基因。

7. 含雌激素的避孕藥也會拖累 COMT 基因。

■ 評估甲狀腺機能。

1. 口服雌激素荷爾蒙取代療法可能導致甲狀腺功能低下症。這個療法中的雌激素會刺激身體生成，一種名為「甲狀腺素結合球蛋白」（thyroid-binding globulin，TBG）的蛋白質，負責載送甲狀腺激素。因此，太多甲狀腺激素被約束了，然而只剩下沒有被約束到的甲狀腺激素，也就是活躍

的游離激素。即便血液中總甲狀腺濃度是正常值，體內活性甲狀腺的數量很有可能過低。因此，為了評估甲狀腺機能，不能只確認甲促素（TSH），雖然這卻是大部份醫師一定會檢查的項目。你還需要檢查游離四碘甲狀腺素（free T4）、游離三碘甲狀腺素（free T3）、逆位三碘甲狀腺素（reverse T3）、甲狀腺抗體及甲狀腺素結合球蛋白（TBG）。

2. 雌激素並非甲狀腺機能的唯一影響因子，所以當需要評估甲狀腺機能時，可以做甲狀腺檢測套組。

增援你的慢速 COMT 基因

■ **適應原**：利用本出第 12 章「全面修復」的「適應原」相關內容。

■ **鎂**：絕大部分的人都有缺乏鎂的問題，比率可能遠遠超乎你的想像。正如「全面修復」那一章節提到的，你應該攝取電解質來獲得鎂。那麼如果你想額外攝取含鎂的營養補充品，來獲得它帶來的平靜效果，鎂氨基酸螯合物（magnesium glycinate chelate）是很理想的補充劑形式，有助調節焦慮，同時促進肝臟機能。另外還有三種形式的含鎂補充劑也相當有效果，分別為牛磺酸鎂（magnesium taurate）、蘋果酸鎂（magnesium malate），及蘇糖酸鎂（magnesium threonate）。

■ **牛磺酸**：如果你已經服用優質的鎂補充劑，但仍無法獲得足夠的鎂，那麼可能是因為體內的牛磺酸濃度低落。牛磺酸是

一種有助鎂吸收的礦物質。牛磺酸濃度低落的原因有數種，但其中常見的原因是「腸道菌相失衡」意思是腸道內的細菌生態失去平衡。「重點式修復」中 DAO 基因的部份能幫助你改正這個問題。你可以考慮找醫生進行腸胃道系統綜合分析（CDSA），來評估體內的消化機能。如果能夠恢復腸道菌叢平衡，就能同時幫助牛磺酸濃度，進而導正體內的鎂濃度。

- **S-腺苷甲硫氨酸**：這是個相當有益健康的營養補充品，但首要條件是，你必須有效率地進行甲基化循環。因此，一開始你可以在睡前，服用一顆二百五十毫克的 SAMe 膠囊。如果這個劑量能幫助你入睡，太棒了。請繼續這麼做。然而，如果它讓你失眠情況惡化了，那麼你體內的甲鈷胺及（或）甲基葉酸的濃度可能不足，或者你的甲基化循環可能因某種因素堵塞了，比方說重金屬、穀胱甘肽不足、過量的過氧化氫，或其他因素。倘若失眠繼續惡化，必須停止服用SAMe，直到甲基化循環恢復平衡，與此同時，倘若當下你精神相當清醒且正眼巴巴地瞪著天花板，可以試著服用 50 至 150 毫克的菸鹼酸，來綜合失眠的副作用。菸鹼酸有助分解你方才攝取的 SAMe，並將它排出體外。

- **磷脂絲胺酸（phosphatidyl serine）**：這個補充劑是睡眠的好幫手，尤其針對因蘋果酸鎂、菸鹼酸和維他命 B6，而引起的失眠。

- **肌酸**：當身體在製造肌酸的時候，會耗盡絕大部份的甲基供體，也就是幫助甲基化的那些營養素。因此，服用肌酸補充

劑有助保存甲基供體及 SAMe，讓 SAMe 有空去些其他的事情，像是幫助你的慢速 COMT 基因。肌酸能幫助許多無法服用甲基葉酸、甲基鈷胺素和其他甲基載體的人。而且它對多數的人來說，都是相較安全且耐受的營養補充品。對自閉兒或其他較慢開口說話的兒童來說，肌酸都能帶來卓越的效果。我們已經看到有許多還不曾開口說話的幼兒，在肌酸補充劑的幫助下開始會講話了。還有，服用肌酸時，一定要配一杯過濾水使用。我也會時常建議把肌酸和電解質，一起混合過濾水使用；裝在水壺或膳魔師水瓶裝，這麼一來無論是整天活動或運動前都可以隨時補充。

- **磷脂醯膽鹼**：磷脂醯膽鹼補充劑能有效幫助保存；如同肌酸，體內製造磷脂醯膽鹼的時候會使用大量的。額外服用磷脂醯膽鹼補充劑，能讓我們擁有更多的 SAMe，可以幫助 COMT 基因。記住一定要選用非基改葵花籽提煉的磷脂醯膽鹼。

- **芥蘭素（indole-3-carbinol）與二吲哚甲烷（DIM）**：這些營養補充品都能有助分解雌激素，以排出體外。而且它們通常都會包裝在一起販售。

重點式修復：快速 COMT 基因

修復快速 COMT 基因的生活方式

- 選擇能幫助快速 COMT 基因的修復基因食譜。

- 多參與腦力激盪的活動，比方說彈奏樂器、跳舞、唱歌、加入辯論社、健行團體、團體球類運動和其他社交活動，都是很好的選擇。單人球類運動有助維持注意力，比方說網球或武術也能很有幫助。

- 晨跑或晨間運動，能帶給你卓越的效果：促進體內血液流動，並立即刺激多巴胺的生成。想辦法安排每天早上做些體能活動，即便把車停遠一點，然後走路去上班，或者上班前先走去咖啡店買杯茶。可以考慮多食用漿果、綠茶及類黃酮的食品，能減緩身體燃燒雌激素和多巴胺的效率。

- 注意自己的情緒變化。你會發現自己有時候容易與人起爭執，或者注意到快速 COMT 基因點燃了你的好勝心。爭執會促進身體製造多巴胺。如果你擁有快速的 COMT 基因，多巴胺的增幅能讓你覺得好一些。所以讓我們藉由蛋白質來增加多巴胺，而不是靠挑起紛爭！這是丹尼爾・艾曼教授多年前提點我的。

- 保持自覺，知道自己會很自然地從進行一件事情，轉換進行另一件事情。關鍵是讓自己有足夠的時間，進行有意義的活動，並完成某些事情。先努力去做一件事情三十分鐘左右，然後才讓自己把注意力轉到另一件事情上半小時，接著再回過頭來接著做那件事情。這個一來，你能滿足自己喜歡多變的渴望，同時也能做完事情。

- 成癮嗎？當心自己可能會花太多的時間在社群媒體、電玩遊戲、購物、看電視等等其他活動上。把這種上癮的情況當作

是警告，表示你該搭配本書的工具，來幫助你的快速 COMT 基因了。

幫助快速 COMT 基因，我們能怎麼做？

- 確保身體有吸收了攝取的蛋白質。按部就班地照著「全面修復」的步驟去做。參考「重點式修復」中有關 DAO 基因的部份（先前已經看到的），去治癒你的腸道。如果你還是無法順利吸收蛋白質，那麼食用綜合胺基酸能有效改善狀況。膠囊劑型是最理想的型態，因為綜合胺基酸的味道不怎麼好。

- 確保每一天攝取足夠的蛋白質，你需要優質蛋白質來源，好幫助你維持專注力。

- 謹慎使用藥物治療及營養補充品。

  1. S-腺苷甲硫氨酸（SAMe）：如果新加入的營養補充品和生活方式，讓你的快速 COMT 基因反應變慢了，那麼搭配脈波法服用 SAMe，或許能對情況有所幫助。然而，請謹慎使用這個補充劑，每天吃可能會減少體內的多巴胺和正腎上腺素，反而讓你感到乏味，甚至鬱鬱寡歡。

  2. 磷脂醯膽鹼及肌酸：這些補充劑雖然沒什麼問題，但倘若你發現自己覺得有點鬱悶，則需要評估蛋白質的攝取量，並增進體內多巴胺的濃度。也請參考「重點式修復」中 PEMT 基因（先前已經看到的），其中提到了磷脂醯膽鹼的潛在副作用的相關討論。

  3. 含雌激素的避孕藥或生物同質性雌激素荷爾蒙：如果這類

的避孕藥或生物同質性荷爾蒙能改善你的情緒和專注力，就表示雌激素正拖累你的快速 COMT 基因。此時需請醫師檢查你的雌激素濃度。

增援你的快速 COMT 基因

■ **菸鹼醯胺腺嘌呤二核甘酸（NADH）**：如果早上總是愛賴床，可以考慮服用含輔酶 Q10（CoQ10）的 NADH。這兩種化合物可以立即提供燃料給腺粒體，來製造細胞能源：腺嘌呤核苷三磷酸（ATP）。一般來說，我們的身體需要經過很長的過程，才能製造出 NADH。服用這個補充劑就能完全省略這個冗長的過程。早上醒來卻還在床上的時候，將一顆錠片放在舌下融化。如果你正好想戒掉咖啡因，像：咖啡或能量飲，它也是很棒的非刺激性替代食品。比起咖啡因帶來的精神震盪，含 CoQ10 的 NADH 能供應純淨且持續的能源。千萬不要配食物服用，謹記一早起床或至少提前一小時服用，然後才能開始進食。

■ **腎上腺皮質**：如果早上會賴床，或者覺得整天都懶懶散散的，腎上腺皮質可能頗有幫助。腎上腺皮質能促進身體製造激素皮質醇的效率。有慢性壓力的人可能有皮質醇濃度低落的問題。由於皮質醇能在早上喚醒我們，所以腎上腺皮質有助醒腦。每天搭配早餐，服用一顆五十毫克的膠囊。這是非常有效的補充劑，因此一定要使用間歇法調整劑量。你會發現每週只需要服用幾次就足夠了。

- **酪胺酸（tyrosine）**：這個補充劑是神經傳遞物質如多巴胺、正腎上腺素及腎上腺素的前驅物，可能對你很有效果，尤其是在早餐及午後服用。不過，睡前六小時內切勿服用。
- **5-羥基色胺酸（5-HTP）**：這是擁有快速 MAOA 基因的人會使用到的補充劑，神經傳遞物質血清素的前驅物，也很適合擁有快速 COMT 基因的人。擁有慢速 MAOA 基因的人需要小心使用。高濃度的血清素會拖累快速 COMT 基因，這也正是為什麼我會推薦同時擁有快速 COMT 基因和賣速 MAOA 基因的人，可以考慮使用。不過，如果你有服用選擇性血清素回收抑制劑，請切勿服用 5-HTP。

重點式修復：慢速 MAOA 基因

修復慢速 MAOA 基因的生活方式

- 選擇能幫助慢速 MAOA 基因的修復基因食譜。
- 先前提到慢速 COMT 基因的建議，原則上也能幫助到你。因為都是慢速基因，它們都會減緩身體代謝多巴胺和正腎上腺素的效率。

會產生負面影響的營養補充品和藥物治療

- **選擇性血清素回收抑制劑**：如果你出現頭痛、易怒、失眠的問題，請告訴醫生這個抑制劑的劑量太高了，或者這種治療方式不適合你的基因。

- **睪酮：**這種激素的補充劑劑量會增加好鬥的情緒，尤其是在慢速 MAOA 基因的人身上更為明顯。請醫生重新評估你的睪酮劑量，視醫療情況盡可能維持低劑量服用。
- **甲狀腺藥物：**對擁有慢速 MAOA 基因的人來說，服用這類藥物會變得更易怒和焦慮。如果出現這些症狀，請諮詢醫生調整劑量。
- **色胺酸、5-羥基色胺酸與褪黑激素：**你得考慮停用這些營養補充品。如果是處方用藥，請先諮詢過醫生再停藥。這些補充劑都會增加 MAOA 基因的壓力，進而拖累這個基因。
- **酪胺酸：**這個補充劑會加重 COMT 基因和 MAOA 基因的負荷，為了不要拖累它們，請減少或停止服用。如果是處方用藥，一定要先諮詢過醫生。
- **肌醇：**正如乳清酸鋰（lithium orotate），肌醇能調節體內的血清素濃度。然而，這個補充劑可能會無意間加重並拖累 MAOA 基因。鋰和肌醇的效用正好是相反的，所以倘若其中一種物質對你的效果不彰，那麼另一種物質理應會有更好的作用。

增援你的慢速 MAOA 基因

- **核黃素：**考慮服用四百毫克的核黃素，來幫助慢速 MAOA 基因。
- **鋰：**考慮服用五毫克的乳清酸鋰，此補充劑有助清除過量血清素的活性。

重點式修復：快速 MAOA 基因

修復快速 MAOA 基因的生活方式

■ 選擇能幫助快速 MAOA 基因的修復基因食譜。

■ 找出可能導致炎症的原因，並著手排除它們。典型原因包含了飲食（請參考接下來的內容）、睡眠品質不良、壓力、接觸化學品及不當呼吸方式，「全面修復」已經涵蓋了這些內容。

■ 找出可能導致炎症的過敏或不耐受食物。實驗室檢驗能準確地找出致敏食物，但辨別不耐受食物的結果往往不太精準。可以利用排除飲食法找出更多的地雷。

■ 不要過度運動。利用應用程式量測心率變異，藉此評估自己的運動量。倘若數值掉到很低，此時切莫增加運動的強度。

■ 黴菌是讓 MAOA 基因生病的常見因素。請環保檢查員來看看你的住家或辦公室。另外，車內、帳篷或船艙都可能藏匿黴菌。

■ 傳染病是另一個觸發因素，而且難以辨別真兇，甚至對醫療專家來說亦是如此。如果快速 MAOA 基因正在作亂，請諮詢專攻慢性傳染病的自然療法醫師或功能／整合醫學醫師，讓他們幫你找出是否有未經診斷出來的傳染病。同時為了持續抵抗傳染病，你可以繼續進行「全面修復」，並嘗試接下來建議的營養補充品。請參考「重點式修復」中 DAO 基因的部份（本章稍早的內容），利用裡面提到的方法來擊退病原體。

增援你的快速 MAOA 基因

- **菸鹼醯胺腺嘌呤二核甘酸（NADH）**：正如先前在快速 COMT 基因的建議，如果你早上容易賴床，可以吃含輔酶 Q10（CoQ10）的 NADH。利用還躺著賴床的時間，將錠片含在舌下溶解，只要一顆錠片就能在幾分鐘內喚醒你。如先前提到的，如果你打算戒掉咖啡因，這會是很棒的醒腦方式。

- **5-羥基色胺酸**：對擁有快速 MAOA 基因的人來說，這是很有效的營養補充品，而且每天只需服用五十毫克。如果服用幾週後，你對改善效果仍不滿意，才開始增加劑量。倘若服用它會讓你晚上無法熟睡，可以改成緩釋膠囊型態，讓身體在夜間也能持續攝取少量的 5-HTP。然而，切莫同時服用選擇性血清素回收抑制劑和 5-HTP。

- **肌醇**：為了調節體內的血清素濃度及改善情緒，從少劑量開始服用，並依據耐受程度增減劑量。

- **褪黑激素**：有助晚間睡眠。

- **脂質體薑黃素（liposomal curcumin）**：這是非常有效的抗炎補充劑，可以考慮一天吃一至三次。它能幫助拖延我們之前提過的「色胺酸小偷」，因此為快速 MAOA 基因保留更多的色胺酸。

重點式修復：MTHFR 基因

修復 MTHFR 基因的生活方式

- 「全面修復」應足以讓這個基因恢復健康。
- 選擇能幫助 MTHFR 基因的修復基因食譜。

甲狀腺功能低下症及髒的 MTHFR 基因

- 甲狀腺功能低下症會拖累你活化維他命 B2 的效率，請諮詢醫師來評估你的甲狀腺機能。
- 藉由降低壓力、幫助腎上腺、治癒腸道、避免接觸化學物、過濾用水、足夠的睡眠和擊退傳染病，以上都有助促進甲狀腺機能。
- 更多改善方法請參考「重點式修復」中 DAO 基因以及慢速 COMT 基因的部份（本章先前提到的內容）。

增援你的 MTHFR 基因

- **核黃素／維他命 B2**：為了讓 MTHFR 基因運作順利，這是必要的營養素，而最具活性的形式就是核黃素-5-磷酸鈉（R5P）。對大部份的人來說，每天服用二十毫克已經足夠；然而，有些人可能需要服用四百毫克，尤其是受偏頭痛所苦的人。
- **L-5-甲基四氫葉酸（L-5-MTHF）或 6S-甲基四氫葉酸（6S-MTHF）**：甲基葉酸的補充劑有很多種形式。每顆含有

四百微克的綜合維他命對許多人已經足夠。倘若你覺得四百微克沒什麼效果，可以試著增加劑量。然而，不要一次加重太多，以每次增加一倍的方式調整劑量。許多健康專家會建議直接將劑量提高至七・五毫克或以上。雖然一開始效果可能不錯，但幾天內就會出現明顯的副作用。這是因為這個營養素的效果太強，搭配脈波法來傾聽自己的身體才是不二法門。或者，你也可以選擇脂質體甲基四氫葉酸，這種補充劑可以直接調整劑量，並將甲基四氫葉酸直接送入細胞內。

- **如果你已經吃了五毫克或以上的甲基葉酸，卻不見效果，原因可能有幾個：**

1. 你獲得了天然葉酸受體的抗體，但它們卻堵塞了你的天然葉酸受體。

2. 你仍攝取合成葉酸，讓它們堵住了你的天然葉酸受體。

3. 維他命 B12 不足，導致甲基葉酸受困而無法被使用。

4. 使用了含有 D-甲基葉酸的補充劑（而不是含有 L-甲基葉酸），導致甲基葉酸受到干擾。如果營養補充品上沒指明含有「L-甲基葉酸」或「6S-甲基葉酸」，那麼就是含有會產生干擾作用的「D-甲基葉酸」。你的身體無法利用 D-甲基葉酸。所以一定要看仔細了。

5. 有其他的原因阻斷了甲基化循環，比方說重金屬、氧化壓力、傳染病或藥物治療。

請注意：如果出現焦慮、易怒、流鼻水、關節疼痛、失眠或

蕁麻疹等症狀，即表示或許服用了過量的甲基葉酸。請立即停止服用，並每二十分鐘服用五十毫克的菸鹼酸（至多三次），直到副作用消失為止。然而，低血壓（九十／六十或更低）者需注意：菸鹼酸會讓血壓進一步下降。

重點式修復：NOS3 基因

修復 NOS3 基因的生活方式

- 「全面修復」應足以照顧大部份人的 NOS3 基因。
- 選擇能幫助 NOS3 基因的修復基因食譜。
- 只要保持 GST 基因、PEMT 基因、MTHFR 基因、COMT 基因、MAOA 基因和 DAO 基因的乾淨，NOS3 基因就能照顧好自己了。這也正是為什麼 NOS3 基因是放在最後一個的原因。一般來說，如果其他的基因汙染了，就會把 NOS3 基因也拖下泥水。所以只要一一把髒基因搞定了，你就能看到成果。別著急。
- 每天都要做些運動，即便是輕鬆的走路運動。運動能刺激 NOS3 基因的運作，但也不需要過量，因為過度運動會使 NOS3 基因解偶（我們在第 10 章已經討論到了）。如果你運動後一、二天都有痠痛的問題，就表示超過範圍了。
- 正確呼吸很重要。認真考慮每天做瑜伽或太極，以及練習呼吸。比方說「宇宙能量呼吸法」（Pranayama）是很棒的呼吸方法，是一種呼吸的科學。

■ 蒸氣浴是刺激 NOS3 基因有很棒的作用，每兩週就做一次蒸
　氣浴效果更好，所以請試試看吧。但請不要逼迫自己！

增援你的 NOS3 基因

　　當你的身體正在發炎、同半胱胺酸濃度過高，或正在對抗某
種已知的傳染病，我建議在幫助 NOS3 基因之前，先降低體內的
同半胱胺酸濃度，或先擊退傳染病源。此外，在處理 NOS3 基因
之前，一定要先修復其他的髒基因。

■ **鳥胺酸（ornithine）、甜菜根粉或瓜胺酸（citrulline）**：如
　果身體還算健康，或許你只需要利用這些補充劑增加精氨酸
　濃度。（如你在第 10 章看到的，我不怎麼喜歡直接補充精氨
　酸。）
■ **吡咯喹啉醌**：務必要維持健康的一氧化氮，才能防止它轉為
　超氧化物。如果你已經努力運動，或運動後容易產生強烈的
　酸痛感，那麼請嘗試在運動後服用一顆膠囊。吡咯喹啉醌對
　許多有纖維肌痛或慢性疲勞的人，都有有不錯的反應。
■ **脂質體維他命 C 和脂質體穀胱甘肽**：這些補充劑能維護好你
　的一氧化氮，不讓它們變成超氧化物。

接下來呢？

　　或許你會說：「我好多了，但好像還不夠好。接下來該怎麼
做呢？」問得好。

　　你持續照著「全面修復」去生活。也依照「重點式修復」，努力修復你的基因。狀況卻依然不甚順心。

　　如果屬這種情況，我建議你尋求功能／整合執業醫師：領有醫師執照的自然療法醫師、功能醫學專家，或者環境醫學專家。這些健康專家會努力找出疾病的根源，而不是只專注於壓制症狀。

　　藉由實行「28 天基因修復療程」，你的身體已經進步了很多。接下來這些健康專家將跟你合作打穩基礎。跟著他們的腳步，把健康的基礎紮得更穩後，才能找出藏匿的傳染病以及被遺漏的化學物。

■ 找出被藏匿起來的傳染病

1. **口腔：**根管治療的傷口、牙齦疾病和喉嚨，都是傳染病的好發部位。如果有牙齦流血、口臭或壞牙的問題，很有可能是口腔內有持續感染的情況，或者其他器官有慢性感染的問題，所以導致牙齒不健康。試著配合生物牙醫—以全身角度進行治療的牙醫，來解決這個問題。

2. **鼻腔：**鼻子是黴菌和傳染病源經常待著的地方。請醫生檢查看看你的鼻竇和鼻孔，尤其要檢查是否有任何慢性鼻竇疾病。

3. **腸道：**即便你沒有消化道問題，菌相失衡仍會造成全身性的症狀。為了找到真正原因，可以請醫療專家進行腸胃道系統綜合分析（CDSA）。

4. **血液：**利用血液檢查，找出自己免疫系統對各種病原體的

反應。這可以幫助你找出體內可能藏匿的任何病毒或細菌。

5. **尿液：** 尿液檢查可以了解進一步了解復發性膀胱感染及免疫系統標記。

■ **找出被遮蔽的化學物品接觸來源**

1. **口腔：** 如果你有許多老舊的補牙，可能需要請生物牙醫討論，使用較無毒的材質重新填補。

2. **尿液：** 腎臟是人體最棒的過濾器。許多實驗室可以迅速地從尿液中篩檢出數百種化學物質，當然也包含重金屬。一旦知道尿液裡有哪些汙染物，你就能夠清除掉它們。

3. **血液：** 血檢能辨別重金屬、一氧化碳和其他有問題的化合物，好讓醫生能幫助你排除這些毒素。

到目前為止，你都做得非常好。所以接下來，試著跟優秀的醫學專家揭開這些鮮為「你」知的問題，並一一解決它們。為了發揮自己基因的潛力，你正走往成功前進了！

結論
帶著健康的基因迎向未來

這本書涵蓋了最先進的基因學知識，遠遠領先現今的醫學界。你現在已經掌握的資訊不是一份「迅速恢復健康」的計劃，而是一生受用的工具，無論何時需要派上用場，你都能用來扭轉那些髒基因。

基因一定會被汙染，而且是每天。有時候那些基因會比其他基因更加髒，然而它們每一天也會多少累積了一些灰塵。現在你已經知道該如何藉由「全面修復」，來拍掉這些灰塵了，好讓自己省去一回春節大掃除。

然而即便按照「全面修復」的原則，重大的生活壓力源、傷口、接觸毒素和生活方式轉變，都會大幅汙染了我們的基因。這時候，就需要再次完成「基因檢測清單二」，並視情況展開「重點式修復」。

關於 SNP 的最新消息

研究人員正奮力地進行研究。只要再過幾年，他們一定能發現更多關於 SNP 的知識，也會有更多的神祕兔子洞穴，等著我們去探險。

許多人將會說：「喔，哇嗚！那個 SNP 還真帶給我好多麻

煩！我該吃那些補充劑呢？」

看完這本書的你，相信已經知道該怎麼回答了。你會說：
「聽著，SNP 是我們人類老早就有的東西。最重要的是，生活方
式、飲食、心態和環境。你說得沒錯：SNP 絕對會影響基因的機
能，會拖慢或加快基因的運作速度。然而，即便是一種工業化學
物質，比方說汞或鋁，都會影響了數以百計的基因，比單一個
SNP 或好幾個 SNP 的影響更為廣泛。」

我們需要了解 SNP 再加上生活方式，會對基因機能產生哪些
綜合影響。遺憾的是，太多人都沒能掌握這條關鍵連結，我說的
就是為了修復 MTHFR 基因或 PEMT 基因的 SNP，而隨意服用甲
基葉酸和磷脂醯膽鹼的那些人。

你不會採取那些漫無目的的方法。相反地，你會透過接下來
的轉變，來減輕基因的負擔。你會：

- 正確地呼吸。
- 深層睡眠。
- 適當運動。
- 比起滿足自己的食慾，你會更在意攝取有營養的食物。
- 流汗。
- 過濾空氣。
- 過濾用水。
- 享受乾淨應該有的樣子，沒有化學香氣。
- 與所愛的人和朋友互動。
- 體驗生活。

現在才剛開始

你已經知道基因被汙染的方式和原因—以及隨時都能派上用場的修復基因祕訣—接下來就是採取實際行動了。

如果你尚未進行「28 天基因修復療程」，請規劃好開始「全面修復」的時間，並確實動手去做。

今天？明天？還是下週五？

我非常期待收到你的成果和經驗！

我依然在進行研究、寫作、報告和創造新的資源，希望幫助所有人發揮基因的潛能。你可以拜訪我的網站 www.DrBenLynch. com，這裡分享了我最新的發現和可供使用的資源。

我很喜歡我正在做的事情。但這一切都不會有任何意義，除非我們確實地採取行動，並獲得正面的成果。

因此，我要感謝你。謝謝你願意投資健康，願意花時間學習優化生活的方法。沒有你，我所做的一切都沒有意義。

你們還要跟其他人分享你們的故事。許多人正面臨挑戰，如果能知道你在這幾頁內容學到的知識，一定對他們能有所幫助。當你跟他們聊起的時候，你會這麼想：「天啊，他一定有慢速的 COMT 基因，」或者「聽起來他有髒的 MTHFR 基因」，接著你可以告訴他一些小祕訣。他們或許會聽，或許不相信。重要的是，你伸出了雙手，並試著幫忙。有許多次我試著提供資訊，但結果卻不了了之。但是我學會了，關鍵其實在於埋下種籽。過了幾週或幾年後，那些人可能會叫你停下腳步並說道：「記得你之

前告訴我基因的事嗎？我後來又自己研究了一點—結果真的扭轉了我的生活了。」

　　透過幫助他人發揮基因潛力，我們能創造一個更好的世界。然而，在你伸出雙手幫助他人前，我希望你先向自己伸出雙手，先打理好自己的健康。你值得發揮出自己的基因潛力。現在就開始吧！

國家圖書館出版品預行編目資料

28 天打造不生病的基因：跟著全美最強醫生這樣做，不吃藥也能遠離遺傳性、慢性疾病 / 班．林區（Ben Lynch）著 ; 曾婉琳譯 . -- 臺北市：三采文化，2019.09
　面；　公分 . -- (三采健康館；140)
譯自：Dirty genes : a breakthrough program to treat the root cause of illness and optimize your health
ISBN 978-957-658-227-1(平裝)

1. 基因 2.DNA 3. 遺傳病質 4. 基因療法

363.81　　　　　　　　　　　　　108013762

◎封面圖片提供：
bestbrk ／ Shutterstock.com

個人健康情形因年齡、性別、病史和特殊情況而異，本書提供科學、保健或健康資訊與新知，非治療方法，建議您若有任何不適，仍應諮詢專業醫師之診斷與治療。

suncolor
三采文化集團

三采健康館　140

28 天打造不生病的基因：

跟著全美最強醫生這樣做，
不吃藥也能遠離遺傳性、慢性疾病

作者｜ 班．林區（Ben Lynch）　　譯者｜ 曾婉琳
責任編輯｜ 朱紫綾
美術主編｜ 藍秀婷　　封面設計｜ 池婉珊

發行人｜ 張輝明　　總編輯｜ 曾雅青　　發行所｜ 三采文化股份有限公司
地址｜ 台北市內湖區瑞光路 513 巷 33 號 8 樓
傳訊｜ TEL:8797-1234　FAX:8797-1688　　網址｜ www.suncolor.com.tw
郵政劃撥｜ 帳號：14319060　戶名：三采文化股份有限公司
本版發行｜ 2019 年 09 月 20 日　　定價｜ NT$380

suncolor